Erdkundliches Förderheft 1

W0381879

Autorin:
Norma Kreuzberger

Unter Mitwirkung der
Verlagsredaktion

westermann

Inhalt

Die Erde im Weltall

M1 Die Sonne und ihre Planeten

1 Die **Sonne** ist ein Stern im **Weltall**.
2 **Acht Planeten** umkreisen die Sonne.
3 Unsere Erde ist ein Planet.
4 Sie kreist 1-mal um die Sonne in **365 Tagen**, also in **einem Jahr**.
5 Jeder Planet kreist um die Sonne auf einer eigenen **Umlaufbahn**.
6 Die Planeten werden von der Sonne angestrahlt, sie leuchten nicht selbst.
7 Unsere Erde ist ein **kleiner Planet**.
8 Der Jupiter ist ein **großer Planet**.
9 Nur die Erde hat eine **Lufthülle**.
10 Auf der Erde ist es **kälter** als auf den Planeten Merkur und Venus.
11 Auf der Erde ist es **wärmer** als auf den Planeten Mars, Jupiter, Saturn, Uranus und Neptun.

Aufgaben:

1. Schreibe die Namen der acht Planeten auf.

M _ _ _ _ _ V _ _ _ _ E _ _ _ M _ _ _

J _ _ _ _ _ _ S _ _ _ _ _ U _ _ _ _ _ N _ _ _ _ _

2. Lies den Text oben. Ergänze dann die Lücken.

Die Erde kreist um die Sonne in __________ Tagen, also in __________ Jahr.

Unsere Erde ist ein ______________ (kleiner / großer) Planet.

Auf der Erde ist es ______________ (kälter / wärmer) als auf dem Merkur.

Auf der Erde ist es ______________ (kälter / wärmer) als auf dem Saturn.

Der Globus – unsere Erde auf dem Tisch

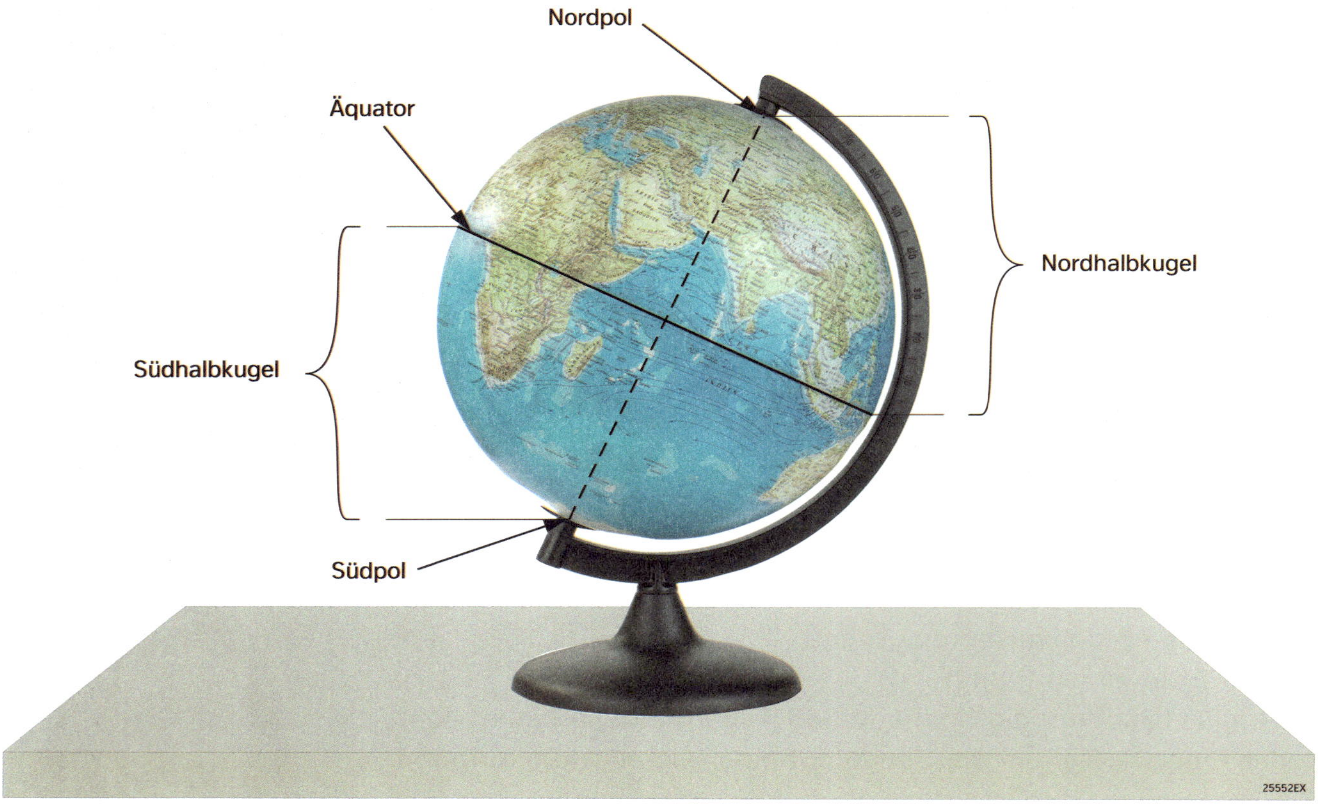

M1 Das ist ein Globus. Der Globus ist ein Modell der Erde.

Die Erde hat einen **Nordpol** und einen **Südpol**.
Den Nordpol und den Südpol kann man durch eine gedachte Linie verbinden.
Diese Linie ist die **Erdachse**.
Die Erde dreht sich in 24 Stunden 1-mal um die Erdachse.
Deshalb hat ein **Tag** 24 Stunden.
Der **Äquator** teilt die Erde in zwei Halbkugeln.
Wir leben auf der **Nordhalbkugel**.

Aufgabe:

1. Ordne mit Pfeilen richtig zu wie im Beispiel.

Der Äquator	auf der Nordhalbkugel.
Der Nordpol liegt	einmal um die Erdachse.
Die Erde hat einen Nordpol	teilt die Erde in zwei Halbkugeln.
Die Erde dreht sich in 24 Stunden	24 Stunden.
Ein Tag hat	ein Modell der Erde.
Der Globus ist	und einen Südpol.

Unsere Erde – Tag und Nacht

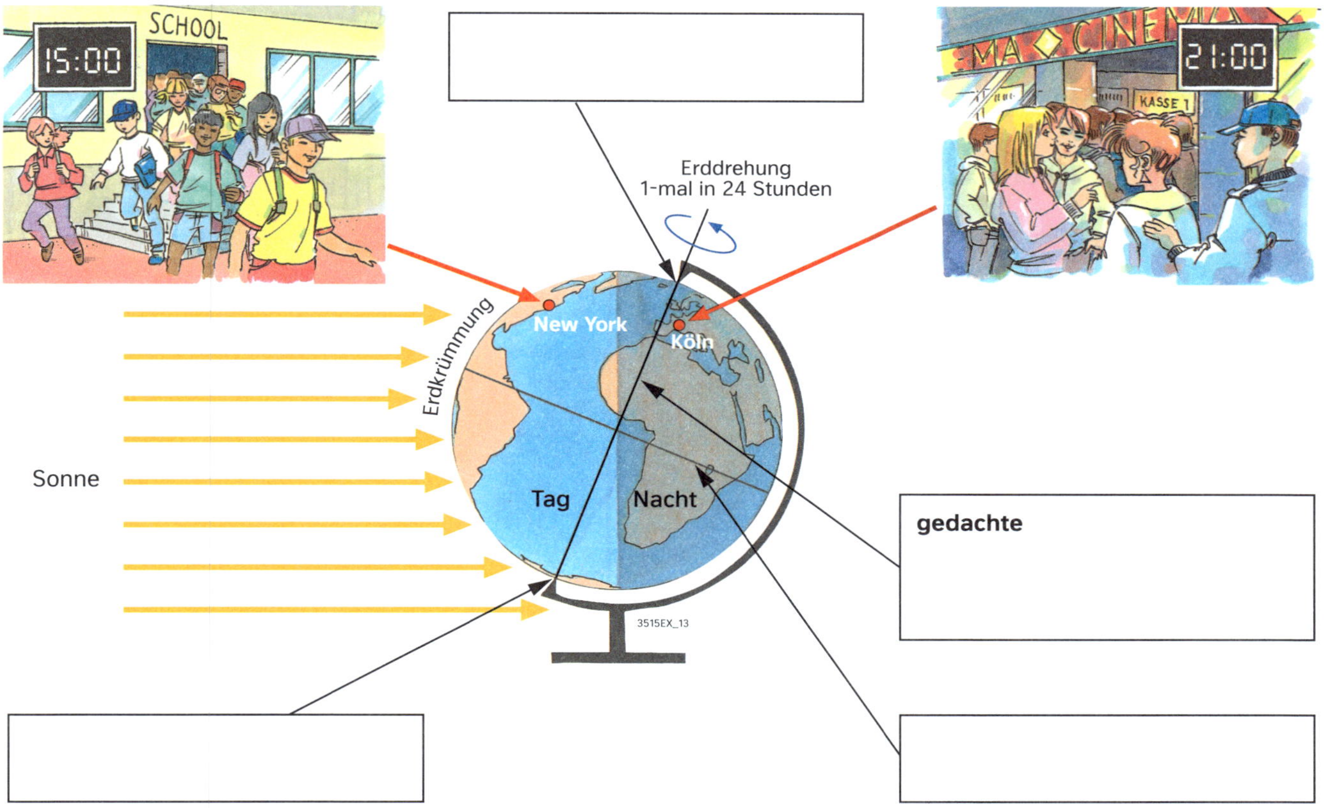

M1 Während in New York Tag ist, ist in Deutschland Nacht.

Die Erde dreht sich. Sie **dreht sich entgegen dem Uhrzeigersinn** um ihre eigene Achse. Eine Umdrehung dauert einen Tag. Die Sonne bestrahlt die Erde. Bei der Drehung ist eine Seite der Erde **der Sonne zugewandt**. Dort ist **Tag**. Die andere Seite der Erde ist von **der Sonne abgewandt**. Dort ist **Nacht**.

entgegen dem Uhrzeigersinn

Aufgaben:

1. Trage folgende Begriffe in die Abbildung M1 ein:

Nordpol – Südpol – Erdachse – Äquator

2. Ergänze im Lückentext jeweils eins der Wörter:

Nacht, Tag

_______________ ist auf der Seite der Erde, die der Sonne zugewandt ist.

_______________ ist auf der Seite der Erde, die von der Sonne abgewandt ist.

3. Streiche die falsche Aussage durch.

a) Die Erde dreht sich 1-mal um ihre Achse in 22 Stunden.

b) Die Erde dreht sich 1-mal um ihre Achse in 24 Stunden.

Unsere Erde – Kontinente und Ozeane (1)

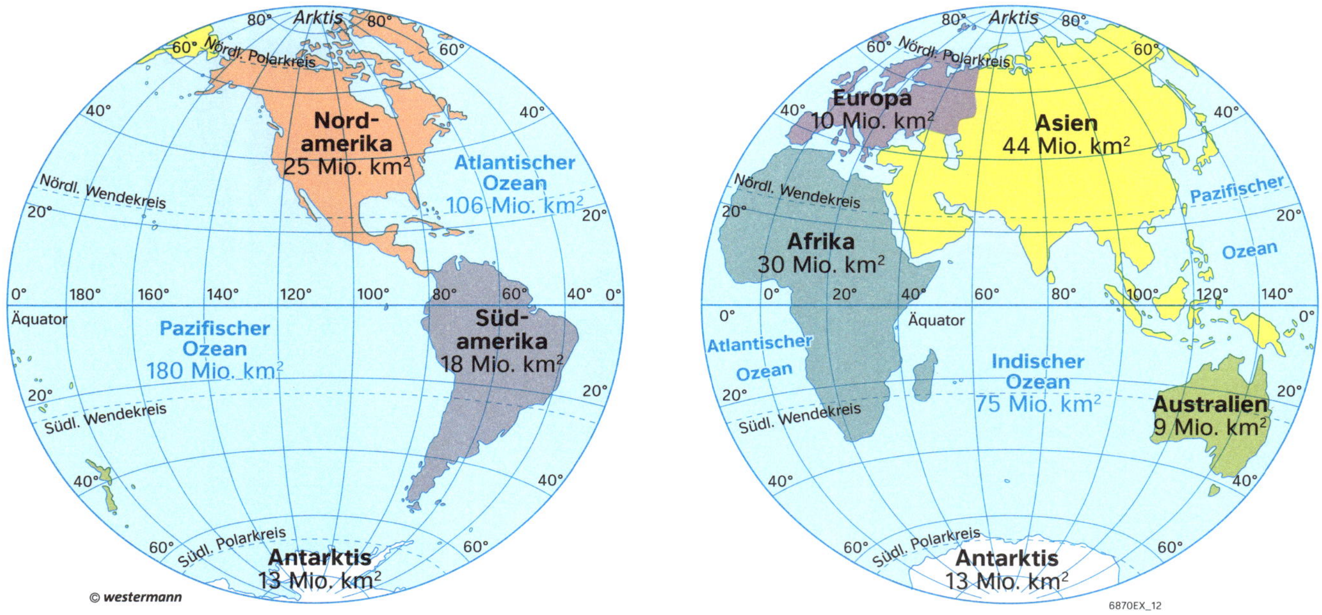

M1 Kontinente und Ozeane. So sieht die Erde aus, wenn du den Globus drehst.

Es gibt **3 Ozeane**. Pazifischer Ozean, Atlantischer Ozean und Indischer Ozean. Ihre Namen sind in M1 eingetragen. Die Landflächen gliedern wir in **7 Kontinente**. Du kannst ihre Namen in M1 ablesen. Wir leben in **Europa**. Europa ist **10 Millionen Quadratkilometer** groß (kurz: 10 Mio. km²) Europa ist aber nicht der kleinste Kontinent. Australien ist **kleiner als** Europa.

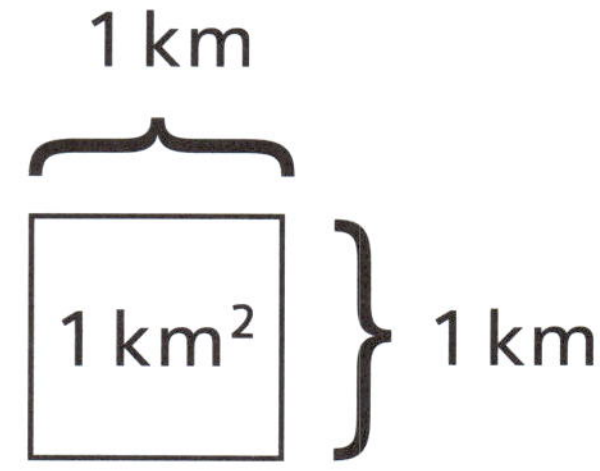

Aufgaben:

1. Lies die Größe der Kontinente in M1 ab und trage sie in die Tabelle ein. Ein Beispiel ist schon eingetragen.

Australien	
Europa	10 Mio. km²
Antarktis	
Südamerika	
Nordamerika	
Afrika	
Asien	

2. Lies die Größe der Ozeane ab und trage sie ein.

Indischer Ozean	
Atlantischer Ozean	
Pazifischer Ozean	

3. Ergänze die Sätze.

Es gibt ________ Kontinente.

Australien ist ______________ als Europa.

________________ ist der größte Kontinent.

Unsere Erde – Kontinente und Ozeane (2)

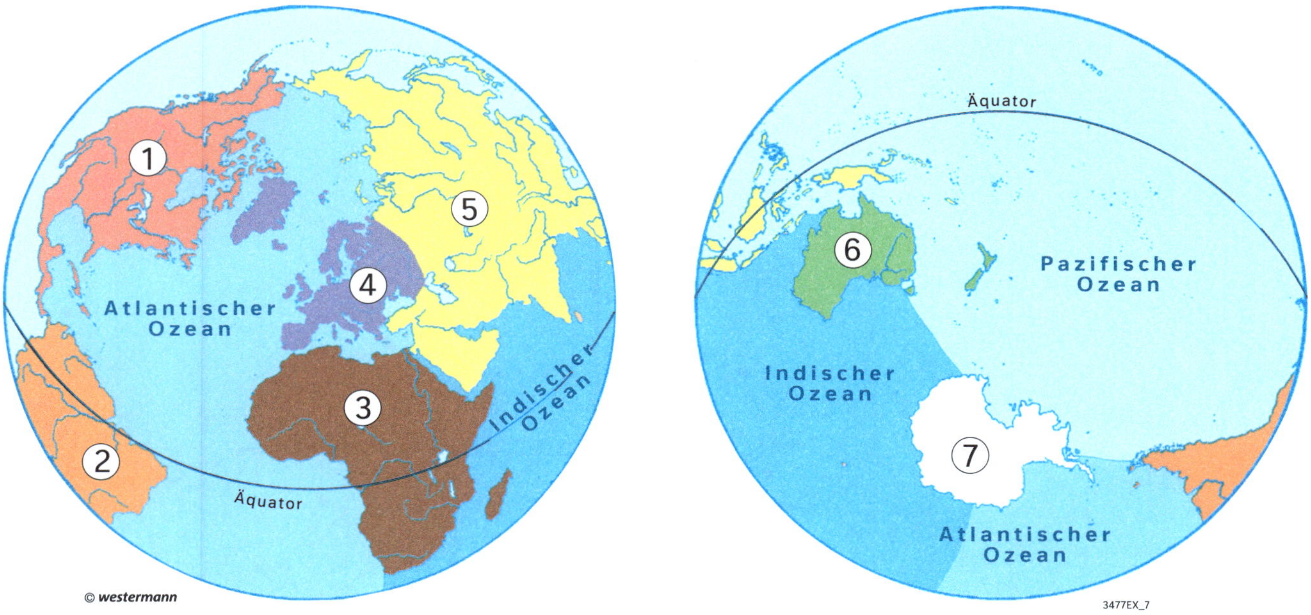

M1 So sieht die Erde aus, wenn du von oben und unten auf den Globus schaust.

1 Die **Kontinente** der Erde sind die **Landflächen**.
2 Die **Ozeane** sind die **Wasserflächen**.
3 Die **Wasserflächen** sind viel **größer** als die Landflächen.
4 Auf der **Nordhalbkugel** liegen **mehr Landflächen**.
5 Auf der **Südhalbkugel** liegen **mehr Wasserflächen**.
6 Der **höchste Berg** der Erde liegt in **Asien**.
7 Er heißt **Mount Everest**.
8 Er ist 8 846 m hoch.
9 Die **tiefste Stelle der Ozeane** liegt in **Asien**.
10 Sie heißt **Witjastief**.
11 Sie ist –11 034 m tief.

Aufgaben:

1. In M1 sind die Kontinente mit Zahlen markiert. Notiere die Namen der Kontinente.

(1) _ _ R _ A _ _ _ _ _ _

(2) _ Ü _ _ _ E _ _ _ _

(3) _ F _ _ _ _

(4) _ _ R _ _ _

(5) _ _ _ E _

(6) _ _ S _ _ A _ _ _ _

(7) A _ _ A _ _ _ _ S

2. Quiz: Kreuze das Richtige an.

a) Sind die Wasserflächen der Erde größer als die Landflächen?

☐ ja ☐ nein

b) Liegen auf der Nordhalbkugel mehr Wasserflächen?

☐ ja ☐ nein

c) Liegt der höchste Berg in Afrika?

☐ ja ☐ nein

d) Liegt die tiefste Stelle der Ozeane in Asien?

☐ ja ☐ nein

e) Wie heißt der höchste Berg der Erde?

____

Deutschland in Europa

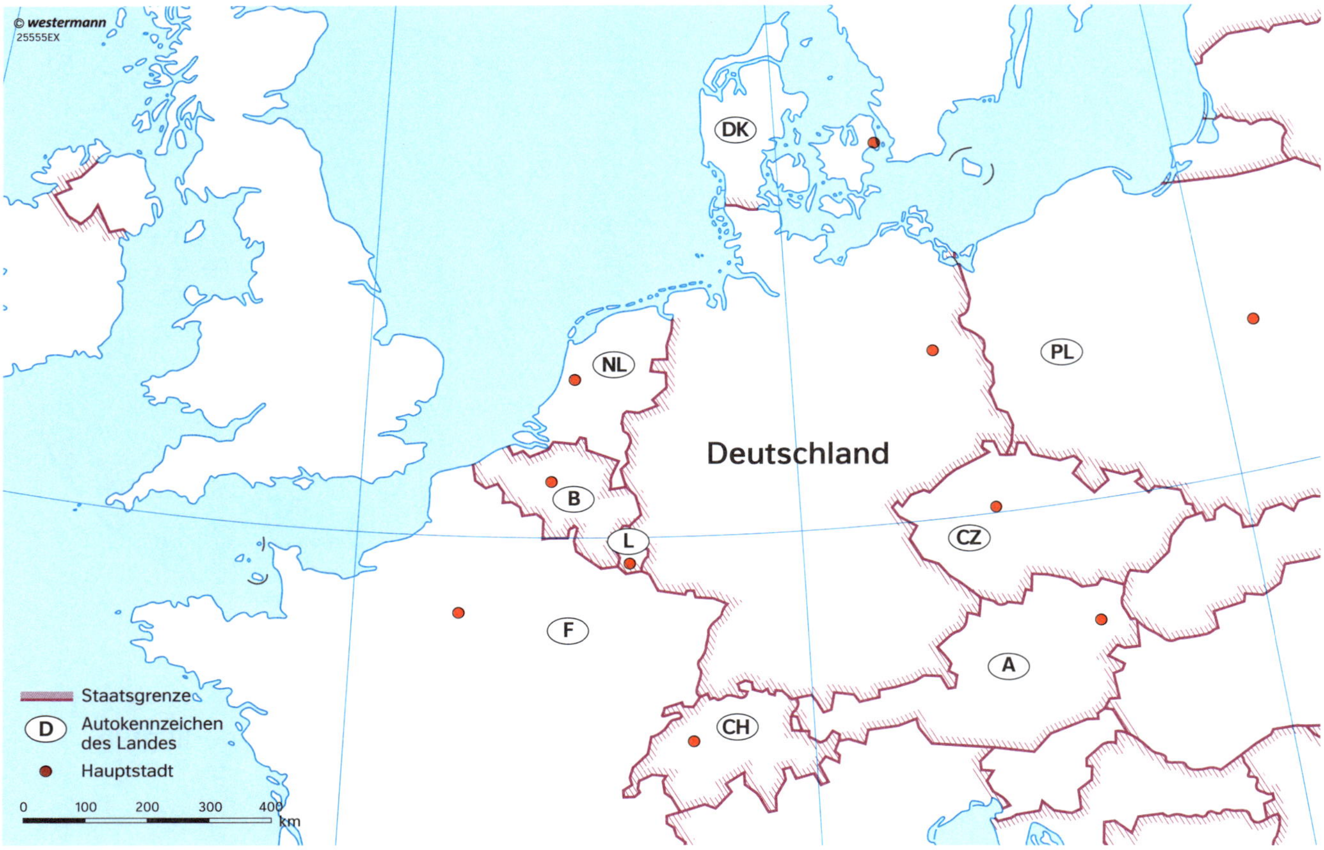

M1 Deutschland und seine Nachbarländer

1 Deutschland hat **neun Nachbarländer**.
2 Das sind Länder, die an Deutschland grenzen.
3 Jedes Land hat eine **Hauptstadt**.
4 Die Hauptstadt von Deutschland ist **Berlin**.

Aufgaben:

1. Trage die Namen der Nachbarländer von Deutschland in den Kasten rechts ein. Die Autokennzeichen helfen dir.

2. Male in M1 jedes Land in einer anderen Farbe aus.

3. Ordne die Hauptstädte unten ihren Ländern zu. Mache es so: Unterstreiche die Städte mit der Farbe des Landes in M1 (Aufgabe 2).

Brüssel Paris Amsterdam
Kopenhagen Warschau Wien
Bern Prag Berlin Luxemburg

(DK) D ___ ___ E ___ ___ ___ K

(PL) P ___ L ___ N (CH) SCH ___ E ___ Z

(CZ) TSCH ___ CH ___ ___ N

(NL) N ___ ___ DER ___ ___ ___ DE

(L) L ___ X ___ ___ BU ___ ___

(B) B ___ L ___ ___ ___ N

(F) F ___ A ___ ___ R ___ ___ ___ H

(A) Ö ___ TE ___ R ___ ___ C ___

Deutschland – Großlandschaften

M1 Im Tiefland

M2 Im Mittelgebirge

M3 Im Hochgebirge (Alpen)

1 Das **Norddeutsche Tiefland** ist eine **Großlandschaft im Norden** Deutschlands.

2 Das **Mittelgebirgsland** ist eine **Großlandschaft in der Mitte** Deutschlands.

3 Das **Hochgebirge** der Alpen ist eine **Großlandschaft im Süden** Deutschlands.

Aufgaben:

1. In Deutschland gibt es **vier Großlandschaften**.
Nur drei Großlandschaften sind in M1 – M3 abgebildet.
Welche fehlt? (siehe M4)
Es fehlt das

_ _ _ _ N V _ _ -
L _ _ _

2. Fülle den Lückentext aus.
Das Norddeutsche Tiefland

liegt im ______________
Deutschlands.
Das Hochgebirge der Alpen

liegt im ______________
Deutschlands.

3. Ordne folgende Begriffe richtig zu:
flach, hügelig, steil.

Hochgebirge: ______________

Tiefland: ______________

Mittelgebirge: ______________

M4 Die Großlandschaften Deutschlands

Das Norddeutsche Tiefland (1)

M1 Das Norddeutsche Tiefland auf einer Karte im Atlas

M2 Ostfriesland im Norddeutschen Tiefland

M3 Die Mecklenburgische Seenplatte im Norddeutschen Tiefland

1 Das Norddeutsche Tiefland ist **eben bis leicht hügelig**.
2 Die höchste Erhebung ist der Hagelberg im **Fläming** mit 201 Metern.
3 Der Wilseder Berg in der **Lüneburger Heide** ist 169 Meter hoch.
4 Auch die **Küsten** an der Nordsee und Ostsee zählen zum Norddeutschen Tiefland.

Aufgaben:

1. Markiere in M1 den Fläming und die Lüneburger Heide.

2. Zeichne die Küstenlinie der Nordsee ganz grob in Blau nach.

3. Zeichne die Küstenlinie der Ostsee ganz grob in Grün nach.

Das Norddeutsche Tiefland (2)

© westermann 25568EX_1

M1 Das Norddeutsche Tiefland: Übungskarte

1 Durch das Norddeutsche Tiefland fließen viele Flüsse.
2 An den Flüssen liegen große Städte: Bremen, Hamburg, Berlin.
3 Es gibt viele Inseln.
4 Helgoland ist eine kleine Insel.
5 Rügen ist eine große Insel.

Aufgaben:

1. Notiere die Namen der drei Inseln in M1.
Tipp: Schau auf Seite 10 in M1 nach.

1 _ E _ _ O _ _ _ _

2 _ _ _ M _ _ _

3 _ Ü _ _ _

2. Notiere die Namen der Flüsse a – j.
Tipp: Schau auf Seite 10 in M1 nach.

a _ H _ _ _

b _ _ S

c _ _ _ _ R

d _ L _ _

e _ A _ _ _

f _ D _ _

g L _ _ S _ _ _ _ _ N _ _ ß E

h _ P _ _ _

i A _ _ _ R

j S _ _ _ _

Das Mittelgebirgsland (1)

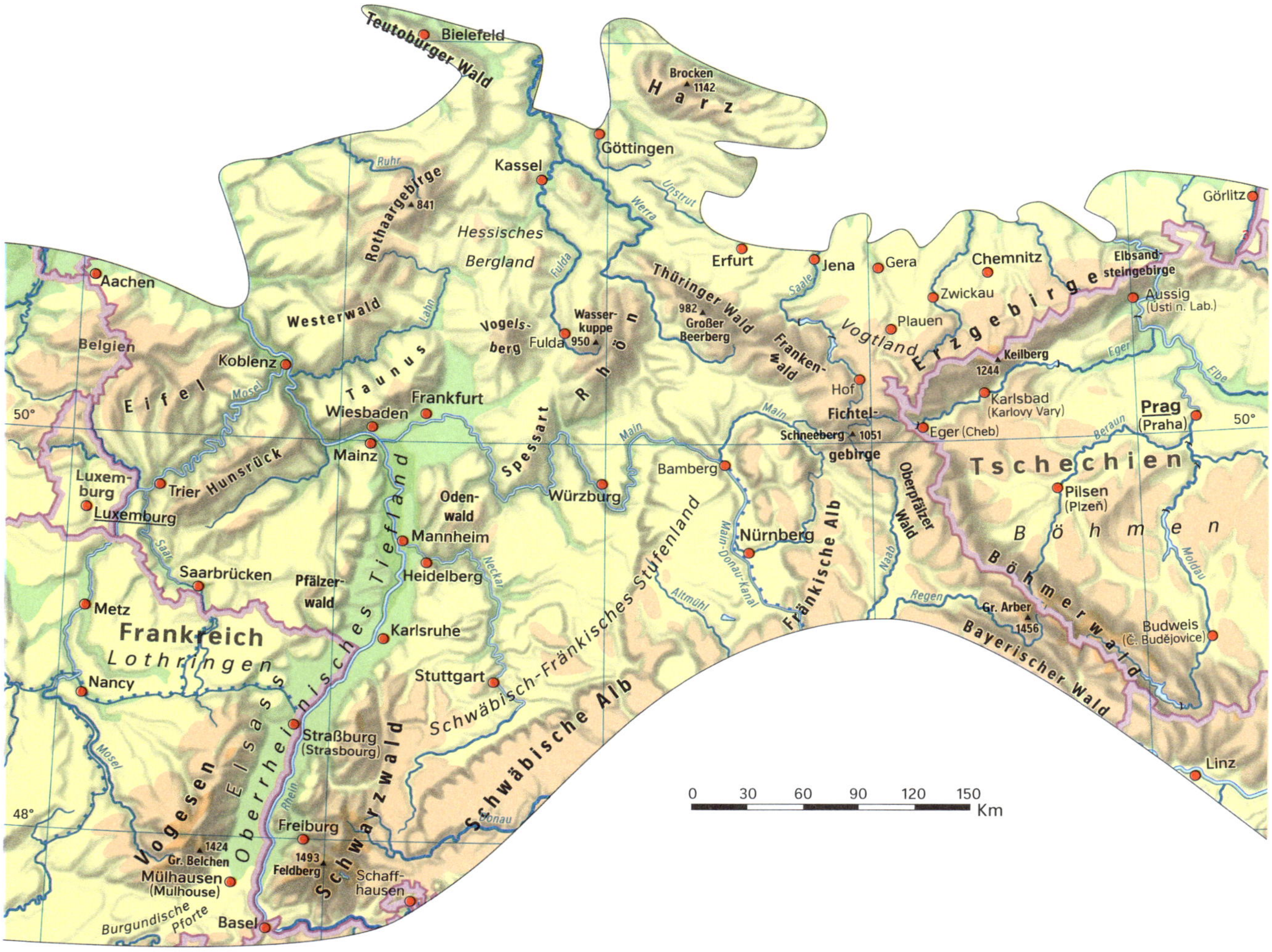

M1 Das Mittelgebirgsland auf einer Karte im Atlas

M2 Im Harz

M3 In der Schwäbischen Alb

1 Das Mittelgebirgsland ist **stark zergliedert**.
2 Es gibt viele **Gebirge** und **Täler**.
3 Die **Mittelgebirge** haben **abgerundete Berge** oder **Hochflächen**.
4 Der **höchste Berg** der Mittelgebirge ist der Feldberg im **Schwarzwald** mit 1493 Metern.

Aufgaben:

1. Markiere in M1 den Harz, die Schwäbische Alb und den Schwarzwald.

2. Quiz: Kreuze die richtige Antwort an.

☐ Der höchste Berg im Harz ist der Brocken.

☐ Der höchste Berg im Schwarzwald ist der Brocken.

Das Mittelgebirgsland (2)

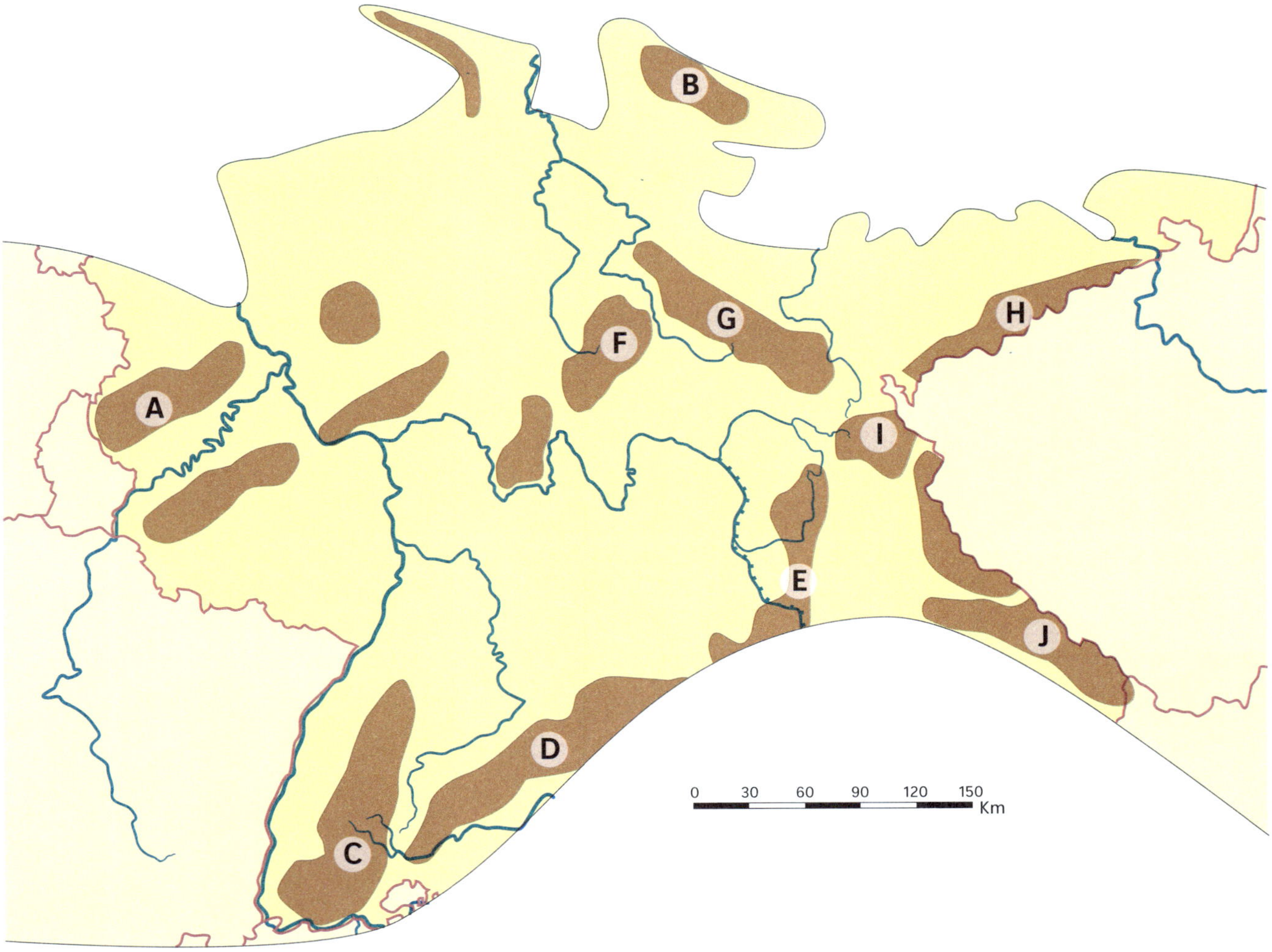

M1 Das Mittelgebirgsland: Übungskarte

© westermann 25568EX_5

1 Durch das Mittelgebirgsland fließen viele **Flüsse**.
2 Es gibt viele Berge, zum Beispiel den Feldberg, den Brocken und den Schneeberg.
3 Im Sommer kommen viele Touristen ins Mittelgebirgsland **zum Wandern**.
4 Im Winter fahren Touristen **in die Wintersportgebiete**.

Aufgaben:

1. Trage in M1 das Zeichen „hoher Berg“ ▲ ein für folgende Berge:

Feldberg, Brocken, Schneeberg, Großer Beerberg, Großer Arber, Wasserkuppe

Tipp: Suche die Berge in M1 auf Seite 12.

2. Schreibe die Namen neben die Dreiecke.

3. Notiere die Namen der Gebirge A – I.
Tipp: Schau auf Seite 12 in M1 nach.

A _ _ F _ _

B _ _ _ Z

C S _ _ _ A _ _ W _ _ _

D SCH _ Ä _ _ _ _ _ _ ALB

E _ _ Ä _ _ I _ _ _ _ ALB

F _ _ Ö _

G _ _ Ü _ _ N _ _ _ WALD

H _ _ Z _ _ _ _ _ G _

I F _ _ _ _ _ _ G _ _ _ _ G _

J _ _ Y E _ _ S _ _ _ _ WALD

Das Alpenvorland und das Hochgebirge Alpen (1)

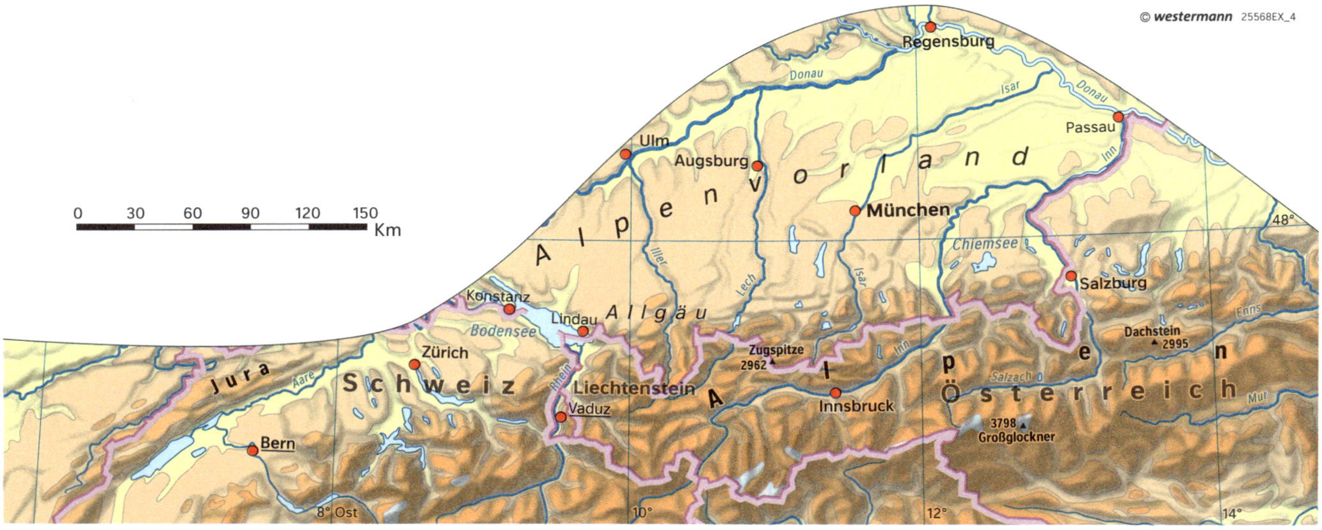

M1 Das Alpenvorland und das Hochgebirge Alpen auf einer Karte im Atlas

M2 Im Alpenvorland

M3 In den Alpen

1 Zwischen der **Donau** und den **Alpen** liegt das **Alpenvorland**.
2 Das Alpenvorland ist eine **leicht gewellte Landschaft**.
3 Das Alpenvorland **steigt** von der Donau bis zu den Alpen **auf 700 Meter Höhe an**.
4 Die **Alpen** sind ein **Hochgebirge**.
5 Die Berge sind **über 1500 Meter hoch**.
6 Der **höchste Berg der Alpen** liegt in **Frankreich**.
7 Es ist der **Mont Blanc mit 4810 Metern Höhe**.
8 Der höchste Berg in Deutschland ist die **Zugspitze mit 2962 Metern Höhe**.

Aufgaben:

1. Markiere in M1 die Zugspitze.

2. Quiz: Kreuze nur die richtigen Antworten an.

- ☐ Im Alpenvorland gibt es steile Berge.
- ☐ In den Alpen gibt es steile Berge.
- ☐ Das Alpenvorland ist nicht höher als 700 Meter.
- ☐ Der höchste Berg in Deutschland ist der Mont Blanc.
- ☐ Der höchte Berg in Deutschland ist die Zugspitze.

Das Alpenvorland und das Hochgebirge Alpen (2)

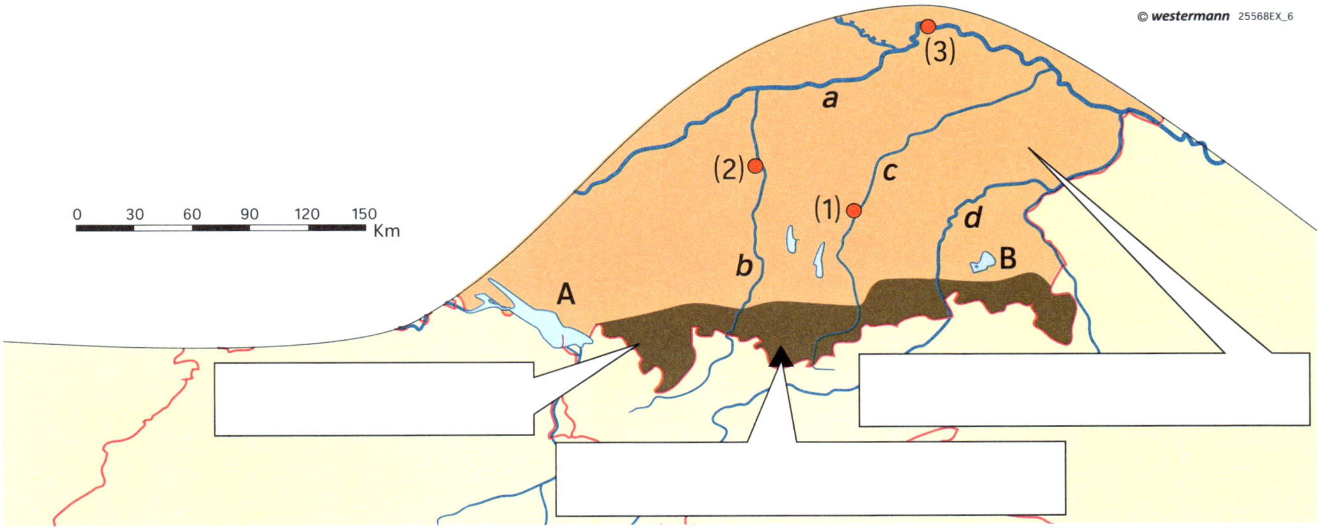

M1 Das Alpenvorland und das Hochgebirge Alpen: Übungskarte

Aufgaben:

1. Trage folgende Begriffe oben in die Schreibfelder der Karte ein:

Alpen, Alpenvorland, Zugspitze

2. Notiere die Namen der drei Städte in M1.
Tipp: Schau auf Seite 14 in M1 nach.

(1) __ Ü __ __ __ __ __

(2) __ __ G __ __ U __ __

(3) __ __ G __ __ S __ __ __ __

3. Notiere die Namen der Flüsse in M1.
Tipp: Du kannst wieder in M1 auf Seite 14 nachsehen.

a __ __ N __ __

b L __ __ __

c __ S __ __

d __ __ N

4. In der Karte sind zwei Seen markiert. Wie heißen sie?

A __ O __ __ __ __ __ E

B __ H __ __ __ S __ __

5. Löse das Bilderrätsel.

Wie heißt der See?

B __ __ __ __ __ __ __

Wie heißt der Berg?

Z __ __ __ __ __ __ __ __

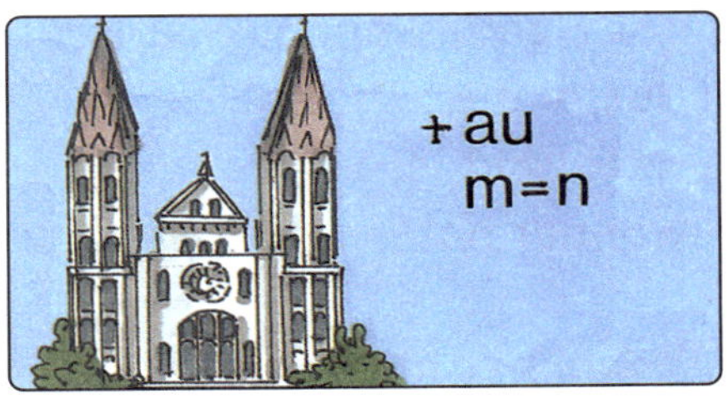

Wie heißt der Fluss?

D __ __ __ __

Deutschland – Bundesländer (1)

M1 Deutschland – Bundesländer

1 Deutschland ist eine **Bundesrepublik**.
2 Es gibt **16 Bundesländer**.
3 Jedes Bundesland hat eine **Landeshauptstadt**.
4 Drei Bundesländer sind **Stadtstaaten**: Berlin, Hamburg und Bremen.
5 Die **Hauptstadt der Bundesrepublik** ist Berlin.
6 **Das größte Bundesland** ist Bayern.
7 **Das kleinste Bundesland** ist Bremen.
8 **Die meisten Einwohner** hat das Bundesland Nordrhein-Westfalen.
9 **Die wenigsten Einwohner** hat das Bundesland Bremen.
10 Schleswig-Holstein ist **das nördlichste Bundesland**.

Aufgaben:

1. Kreuze die richtigen Antworten an.

Zur Bundesrepublik Deutschland gehören

☐ 15 Bundesländer.
☐ 16 Bundesländer.

Die Landeshauptstadt von Bayern ist

☐ Dresden.
☐ München.
☐ Düsseldorf.

Das größte Bundesland ist

☐ Nordrhein-Westfalen.
☐ Bayern.
☐ Baden-Württemberg.

Das kleinste Bundesland ist

☐ Saarland.
☐ Bremen.
☐ Hamburg.

2. Notiere den Namen des Bundeslands mit den meisten Einwohnern.

_ _ R _ R _ _ _ _ -

W _ _ _ F _ _ _ _

3. Notiere den Namen des nördlichsten Bundeslands.

_ _ _ L _ _ _ I _ -

H _ _ _ T _ _ _

4. Markiere in der Karte das Bundesland, in dem du wohnst.

Deutschland – Bundesländer (2)

Teil 1

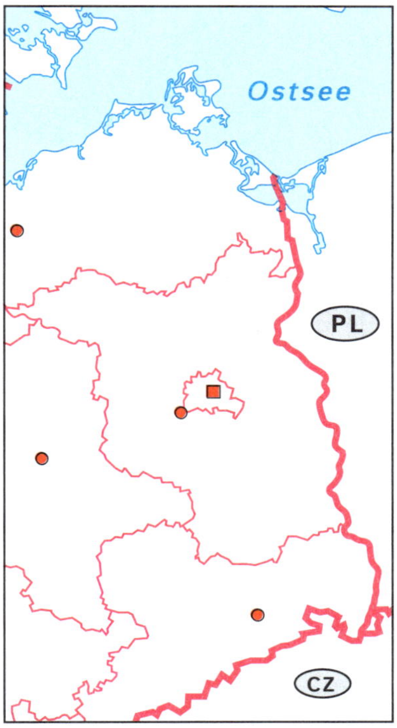

Teil 2

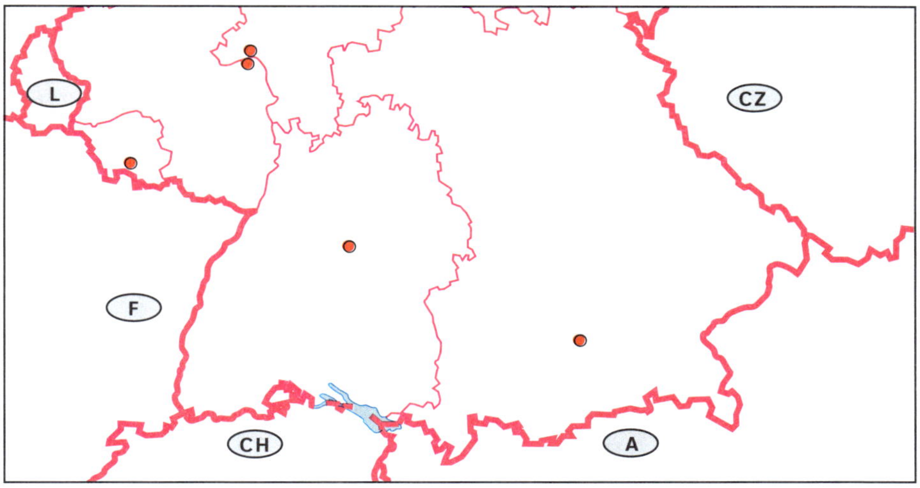

Teil 3

Teil 4

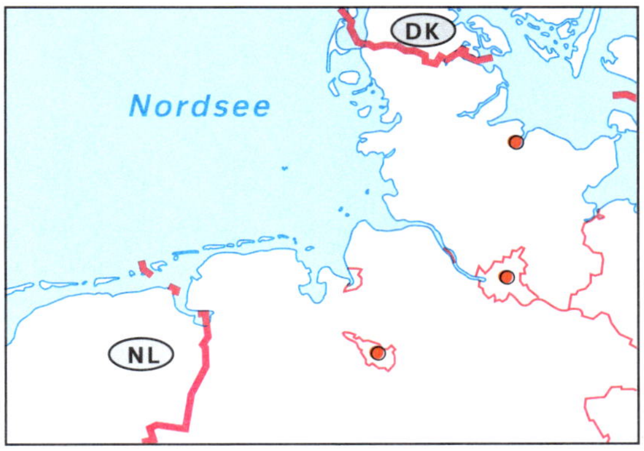

25566EX

M1 Bundesländer: zerschnittene Karte

Aufgaben:

1. In M1 ist die Karte auf Seite 16 zerschnitten. Und auch die Farben der Bundesländer fehlen.

a) Finde heraus, welche Bundesländer auf den vier Teilen zu sehen sind.
b) Male die Bundesländer in den Farben aus wie in der Karte auf Seite 16.

Tipp: In jedem Teil gibt es einen Hinweis, der dir beim Suchen hilft.

2. Löse das Bilderrätsel. Wie heißt das Bundesland?

_ _ M _ _ _ _

In einer Stadt

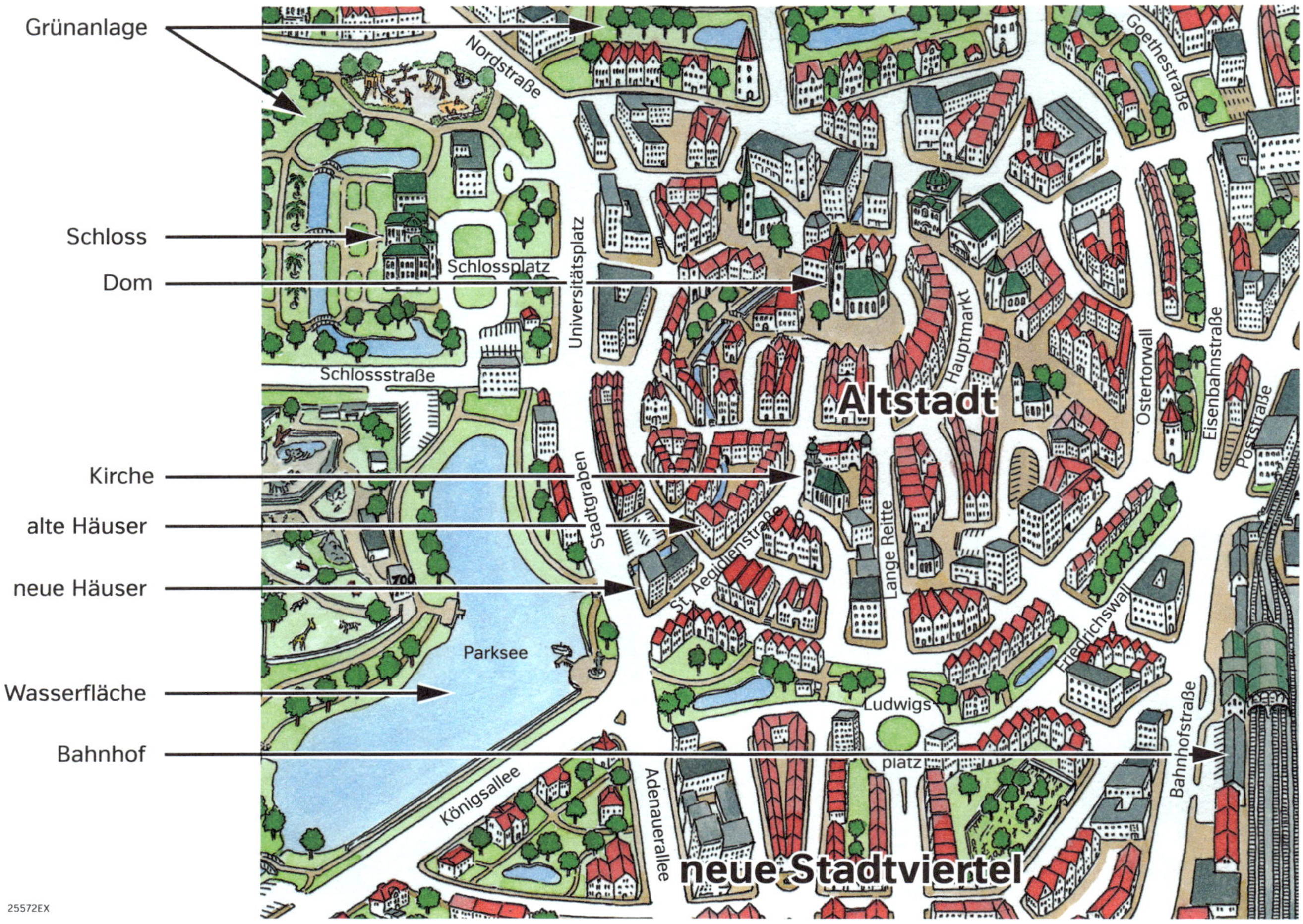

M1 Bildplan einer Stadt

1 In einer **Stadt** stehen die **Häuser dicht beieinander**.
2 Oft kann man den **alten Stadtkern** mit seinen alten Häusern erkennen.
3 Dies ist die **Altstadt**.
4 Die **Straßen in der Altstadt** sind eng und verwinkelt.
5 In einer Stadt gibt es auch **Grünanlagen**.
6 Auf dem **Bildplan** kann man die Häuser, Straßen, Grünanlagen und Wasserflächen erkennen.
7 Eine Stadt hat auch einen **Bahnhof**.
8 In einer Stadt gibt es oft **mehrere Kirchen**, manchmal auch einen **Dom**.
10 Ein Dom ist eine große Kirche mit herausragender Bedeutung.
11 Einige Städte haben auch ein **Schloss**.

Aufgabe:

1. Ergänze die Lücken im Text.

In einer Stadt stehen die Häuser

______________ ______________________.

Die Altstadt ist der alte ________________.

Die Straßen in der Altstadt sind ________ und verwinkelt.

Es gibt in einer Stadt mehrere ____________.

Nicht jede Stadt hat ein S _ _ _ _ SS.

In den ______________________________ kann man sich erholen.

Eine Stadt hat auch einen ___________.

Wir erkunden eine Stadt

M1 Stadtplan

4. Ergänze die Namen der Straßen und Plätze.

Der Hauptbahnhof liegt an der __________-straße.

Der Dom befindet sich auf dem ________ platz.

Das Schloss liegt am __________-platz.

Das Rathaus liegt am _________-markt.

1 Die Erklärung der **Zeichen im Stadtplan** findet man in der **Legende**.
2 In dem Stadtplan M1 sind auch **Sehenswürdigkeiten** eingezeichnet.
3 Eine Sehenswürdigkeit ist zum Beispiel das Schloss.
4 Im Stadtplan sind die **Namen der Straßen** eingetragen.
5 So kann man sich gut orientieren.

Aufgaben:

1. Schau in der Legende nach, was die Zahlen in der Karte bedeuten.

(1) _ _ _ _ _ B _ _ _ _ _ _

(2) _ _ _ _ FF _ _ _ _ _ _ _ _

(3) _ _ _ (4) _ A _ _ _ _ _

(5) EINGANG _ _ _

2. Du möchtest vom Hauptbahnhof zum Rathaus gehen. Durch welche Straßen gehst du?

B _ _ _ H _ _ ST _ _ _ _ ,

_ _ _ _ _ T _ _ ,

M _ _ L _ _ _ A _ _

3. Du möchtest vom Rathaus zum Schiffsanleger. Durch welche Straßen gehst du?

_ _ _ _ _ M _ R _ _ ,

A _ _ _ W _ _ _ _ ,

ST. Ä _ _ _ _ _ _ _ _ _ _ _ _

Eine Stadt – viele Viertel

1 Eine Stadt hat viele **Viertel**.
2 Sie werden **unterschiedlich genutzt**.
3 Im Zentrum der Stadt liegt die **City**.
4 Das ist das **Hauptgeschäftszentrum**.
5 Hier gibt es eine **Fußgängerzone** mit vielen Geschäften und Restaurants.
6 Hier befinden sich auch viele Gebäude mit **Büros** und Gebäude der **Stadtverwaltung**.

M1 Fußgängerzone in der City

Aufgabe:

1. Unterstreiche die Wörter, die auf die Fußgängerzone in der City zutreffen.

Erholung – einkaufen – Büros – Fabriken – Geschäfte – essen gehen – Autoverkehr

7 In einer Stadt sind auch **Gewerbegebiete**.
8 Hier gibt es zum Beispiel Einkaufszentren, Baumärkte, große Möbelhäuser und andere **Gewerbebetriebe**.
9 Viele Menschen haben hier einen **Arbeitsplatz**.
10 Die Kunden können ihre Autos auf großen **Parkplätzen** parken.
11 **Industriegebiete** mit **Fabriken** befinden sich meistens am Stadtrand.

M2 In einem Gewerbegebiet

Aufgabe:

2. Unterstreiche die Wörter, die auf Gewerbegebiete zutreffen.

Arbeitsplätze – Parks – einkaufen – Fabriken – Baumärkte – Parkplätze

12 In einer Stadt gibt es **Grünflächen und Parks**.
13 Dies sind die **Erholungsgebiete**.

M3 In einem Erholungsgebiet

Aufgabe:

3. Unterstreiche die Wörter, die auf Erholungsgebiete zutreffen.

Möbelhäuser – Erholung – Geschäfte – spazieren gehen – spielen – Bäume – Rasenflächen – Autoverkehr – Büros

Eine Stadt – unterschiedliche Wohnviertel

1 Kai wohnt in der Stadt. Er sagt:
2 „Ich wohne in einem Haus, das über 100 Jahre alt ist.
3 Wir wohnen im zweiten Stock.
4 Die Häuser in unserer Straße sind direkt **aneinander gebaut**.
5 Auf der Straße herrscht **viel Verkehr**.
6 Wir können nicht auf der Straße spielen.
7 Mein Vater findet oft auch keinen **Parkplatz**."

8 Cinar wohnt in einer anderen Straße.

Aufgabe:

1. Ergänze die Lücken in Cinars Beschreibung:

„Ich wohne in einem Haus, das ____________ (alt / neu) ist.
Das Haus hat ________________________ (mehrere Stockwerke / nur ein Stockwerk).
Die Häuser in unserer Straße ____________ ________________________ (stehen allein / sind aneinander gebaut).
Wir ________________________ (können / können nicht) auf der Straße spielen.
Es gibt ________________________ (genug / nicht genug) Parkplätze."

9 Sofie wohnt in noch einer anderen Straße.

Aufgabe:

2. Ergänze die Lücken in Sofies Beschreibung:

„Ich wohne in einem ________________ (kleinen Haus / Hochhaus).
Wir wohnen im ________________ (ersten / achten) Stock.
Für die Autos ________________ (gibt es / gibt es keine) Parkplätze."

M1 In dieser Straße wohnt Kai.

M2 In dieser Straße wohnt Cinar.

M3 In dieser Straße wohnt Sofie.

Stadt und Umland

M1 Stadt und Umland – von oben aus betrachtet

1 Schaut man von oben auf die **Stadt**, so sieht man ein **dichtes Häusermeer**.
2 **Viele Straßen** durchziehen das Häusermeer.
3 Es gibt nur **wenige grüne Flächen**.
4 Schaut man von oben auf das **Umland**, so sieht man **Wiesen und Weiden**, **Felder und Wälder**.
5 **Bäche** und **Flüsse** sind zu erkennen.
6 Es gibt **wenige Straßen**.
7 Sie führen zu den **Dörfern** im Umland.
8 Hier gibt es auch **Bauernhöfe**.
9 In einem **Dorf** wohnen **weniger Menschen als in einer Stadt**.

M2 Ein Dorf im Umland

Aufgaben:

1. Richtig oder falsch? Kreuze an.

Im Umland gibt es Felder und Wälder.

☐ richtig ☐ falsch

In der Stadt gibt es Bauernhöfe.

☐ richtig ☐ falsch

In der Stadt gibt es viele Straßen.

☐ richtig ☐ falsch

Im Umland gibt es Dörfer.

☐ richtig ☐ falsch

2. Schau dir das Dorf in M2 an. Unterstreiche in der Wortbox, was es in diesem Dorf gibt.

Kirche	Wiese
Hochhaus	
niedrige Häuser	Fußgängerzone
Industriegebiet	Bahnhof

3. Schau dir das Umland in M1 an. Setze das richtige Wort in die Lücke ein.

Ein _ _ _ _ _ fließt durch das Umland.

Dörfer früher und heute

1 Menne war 1950 ein **Bauerndorf**.
2 Es gab viele **Bauernhöfe** in Menne.
3 In M1 sind die Bauernhöfe als **landwirtschaftliche Betriebe** eingezeichnet.
4 Es gab auch Betriebe von **Handwerkern** in Menne: einen Schuster, einen Schmied, einen Schreiner, einen Müller, einen Schneider und einen Bäcker.
5 Es gab **eine Schule** und **zwei Gaststätten** (Wirtshäuser).
6 Die Einwohner konnten in einem **Lebensmittelgeschäft** einkaufen.
7 Das Dorf hatte sogar einen **Bahnhof**.

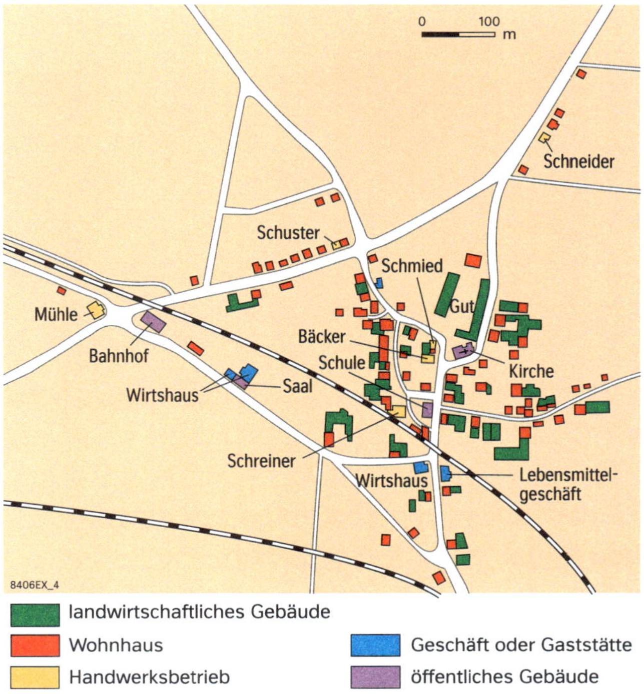

M1 Das Dorf Menne 1950

Aufgaben:

1. Stelle fest, mit welcher Farbe Handwerksbetriebe in der Karte M1 eingezeichnet sind.

☐ rot ☐ grün ☐ gelb ☐ blau

2. Stelle fest, mit welcher Farbe Bauernhöfe eingezeichnet sind.

________________.

1 Heute ist Menne eine **Wohngemeinde**.
2 Viele Menschen aus der Stadt haben in Menne Häuser gebaut.
3 Sie fahren zur Arbeit in die Stadt.
4 In Menne sind **Neubaugebiete** entstanden.
5 Einige **Bauern** haben ihre **Höfe aufgegeben**.
6 Es gibt **keinen Bahnhof** mehr in Menne.

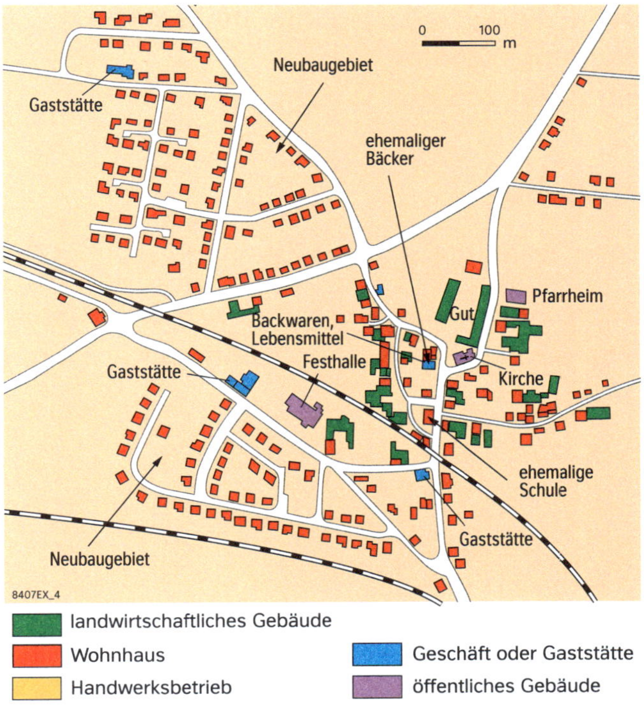

M2 Das Dorf Menne heute

Aufgaben:

3. Stelle mithilfe von M2 fest, ob es noch Handwerksbetriebe in Menne gibt.

☐ Es gibt noch Handwerksbetriebe.

☐ Es gibt keine Handwerksbetriebe mehr.

4. Stelle fest, was aus der Schule geworden ist.

Die Schule ist heute ein

____________________.

5. Stelle fest, was aus dem Lebensmittelgeschäft geworden ist.

Das Geschäft ist heute ein

____________________.

Bauernhöfe verändern sich

M1 Kartoffelernte 1960

M2 Kartoffelernte heute

1 **Früher** lebten und arbeiteten auf einem Bauernhof **viele Arbeitskräfte**.
2 **Alle** halfen bei der **Arbeit auf dem Feld** und **bei der Ernte**.
3 Die Kartoffeln mussten **mit den Händen** aus dem Boden gezogen werden.
4 Die Kartoffeln wurden **in Körben** gesammelt.
5 Dann wurden sie auf einen **hölzernen Wagen** geschüttet.
6 Ein **Pferd** zog den Wagen.

7 Heute leben und arbeiten nur **wenige Arbeitskräfte** auf einem Bauernhof.
8 Der Bauer kann die **Arbeit auf dem Feld allein** erledigen.
9 **Maschinen** helfen ihm dabei.
10 Ein **Kartoffelroder** gräbt die Kartoffeln aus dem Boden und schüttet sie auf einen **Anhänger**.
11 Der Anhänger wird von einem **Traktor** gezogen.

Aufgaben:

1. Trage folgende Stichpunkte in die richtige Spalte der Tabelle ein.

wenige Arbeitskräfte – viele Arbeitskräfte – Arbeit mit den Händen – Arbeit mit Maschinen – Traktor mit Anhänger – Pferd mit Wagen

früher	heute

2. Beschreibe, wie ein Kartoffelroder arbeitet. Setze dazu folgende Begriffe ein.

entfernt – geschüttet – ausgegraben

Die Kartoffeln werden vollautomatisch aus dem Boden ______________________.

Die Blätter werden vollautomatisch von den Kartoffeln ____________________.

Die Kartoffeln werden auf einen Anhänger ________________________.

Die Landwirtschaft verändert sich

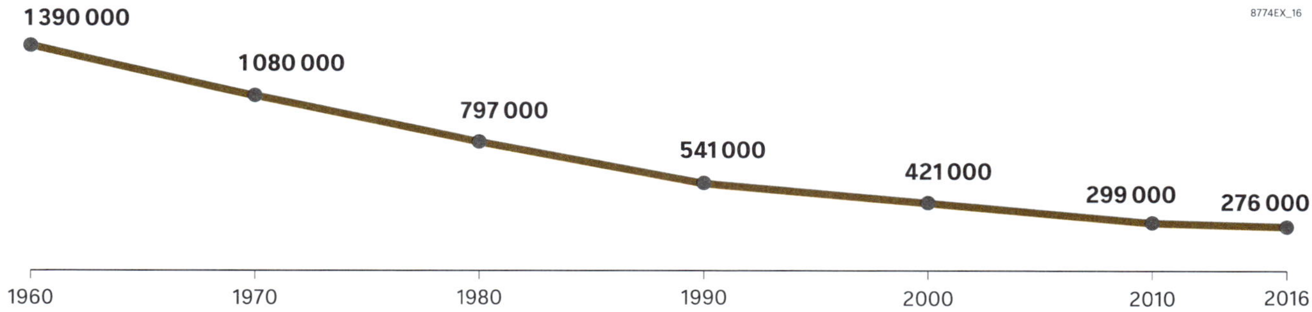

M1 Zahl der landwirtschaftlichen Betriebe in Deutschland

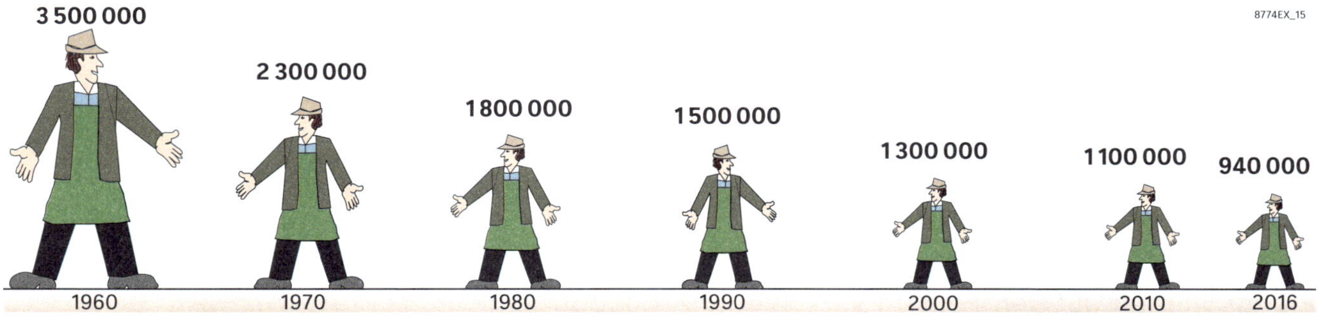

M2 Zahl der Arbeitskräfte in der Landwirtschaft

1 1960 gab es noch über eine Million Bauernhöfe (landwirtschaftliche Betriebe).
2 Seitdem sind es immer weniger geworden.
3 Immer mehr **Bauern geben ihre Höfe auf**.
4 Andere Bauern haben ihre **Betriebe vergrößert**.
5 Sie haben **Flächen aufgekauft** oder **gemietet**.
6 1960 arbeiteten noch über drei Millionen Menschen in der Landwirtschaft.
7 Seitdem sind es immer weniger geworden.
8 **Maschinen** haben die Arbeit übernommen.

Aufgabe:

1. Übertrage die Zahlen aus M1 und M2 in die Tabelle.

Jahr	Landwirtschaftliche Betriebe	Arbeitskräfte
1960		
1970		
1980		
1990		
2000		
2010		
2016		

Ein Landwirt spezialisiert sich

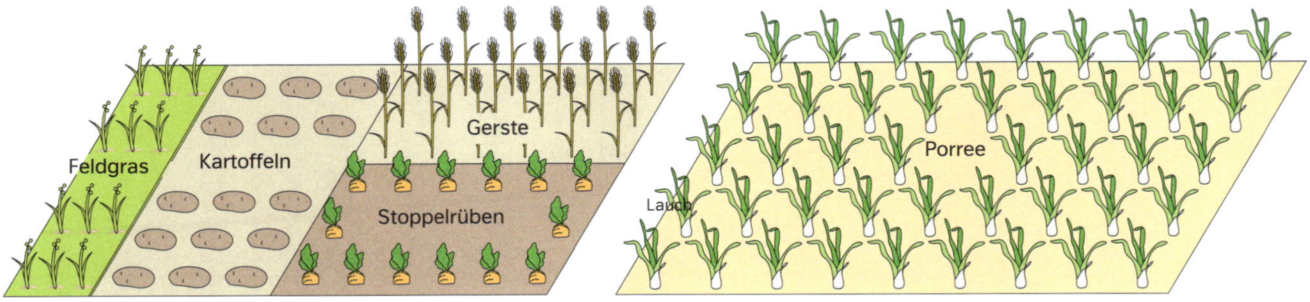

Fläche: 10 ha	**Fläche:** 90 ha
Maschinen: 1 Traktor, 1 Egge, 1 Sämaschine, 1 Knollenpflücker	**Maschinen:** 6 Traktoren, 2 Beregnungsanlagen, 1 Porree-Roder, 1 Porree-Waschanlage, 1 Pflanzenschutzspritze, Kühlanlagen

M1 Informationen zum Hof Kranekamp

1 Der Hof von Familie Kranekamp hat sich verändert.
2 Früher wurden auf den Feldern **verschiedene Anbaufrüchte** angebaut.
3 Heute baut Landwirt Kranekamp nur noch Porree an.
4 Er hat sich **spezialisiert**.
5 Für den Anbau von Porree hat er spezielle **Maschinen angeschafft**.
6 Er muss **Pflanzenschutzmittel spritzen**, weil **Schädlinge** alle Pflanzen vernichten könnten.
7 Ist es zu **trocken**, setzt er die **Beregnungsanlagen** ein.
8 Die Ernte kann in **Kühlanlagen** kühl gelagert werden.

M2 Porree (auch Lauch genannt)

Aufgabe:

1. Finde die passenden Satzteile und verbinde sie mit Pfeilen.

Früher wurden →	hat sich spezialisiert.
Heute wird	verschiedene Anbaufrüchte angebaut.
Landwirt Kranekamp	wurden angeschafft.
Mit Pflanzenschutzmitteln	nur Porree angebaut.
Spezielle Maschinen	werden Schädlinge vernichtet.
Bei Trockenheit werden	Beregnungsanlagen eingesetzt.

M3 Beregnungsanlage (Das Wasser fließt durch den Schlauch.)

Landwirt Haas betreibt ökologische Landwirtschaft

Pflanzenanbau:

1 Auf dem Hof Haas werden **viele verschiedene Pflanzen** auf **kleinen Feldern** angebaut.
2 So können **Schädlinge** keine großen Flächen befallen.
3 Der **Anbau** der Pflanzen **wechselt** in jedem Jahr **auf den Feldern**.
4 So wird der Boden nicht einseitig beansprucht.
5 Auch das **Futter für die Tiere** wird angebaut.

Tierhaltung:

1 Auf dem Hof Haas gibt es Schweine, Hühner und Kühe.
2 Die Tiere haben **viel Platz im Stall**.
3 Sie dürfen **auch ins Freie**.
4 Die Tiere liefern Milch, Eier und Fleisch.
5 Aus der Milch stellt Frau Haas Käse her.
6 Frau Haas **verkauft** Käse, Eier und Gemüse im **Hofladen** und auf dem **Wochenmarkt**.

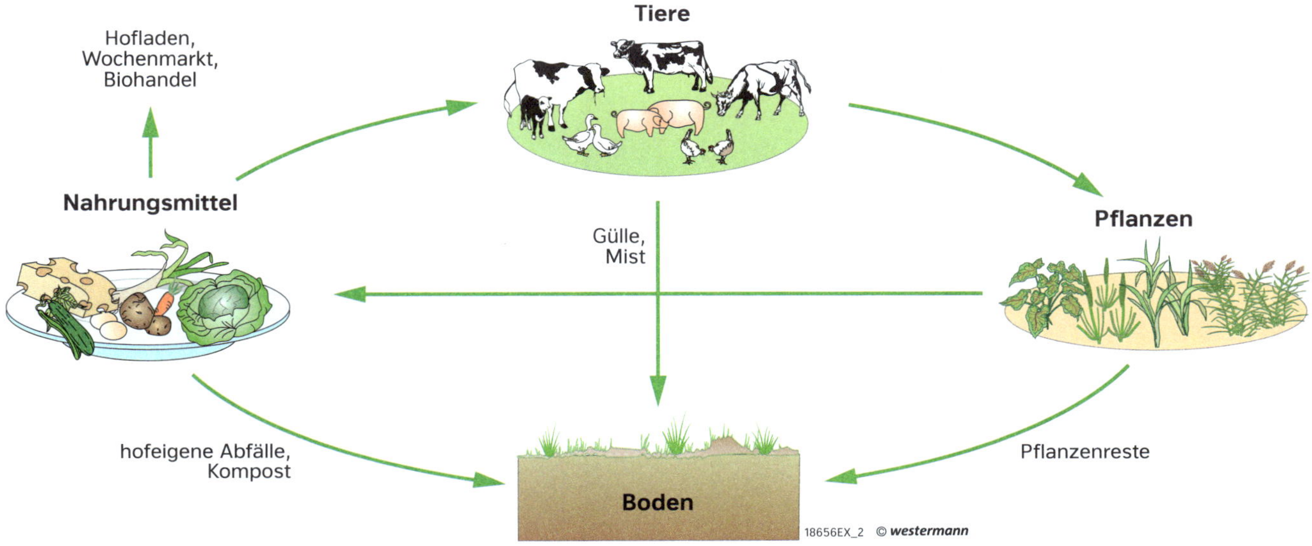

M1 Kreislauf der ökologischen Landwirtschaft

Boden:

1 Der Boden wird schonend bearbeitet.
2 Landwirt Haas setzt keine schweren Maschinen ein.
3 **Gülle und Mist** aus der Tierhaltung werden als **Dünger** verwendet.

Arbeitskräfte:

1 Bei der ökologischen Landwirtschaft fällt **viel Arbeit** an.
2 Deshalb arbeiten auf dem Hof Haas drei Arbeitskräfte.

Aufgabe:

1. Richtig oder falsch? Kreuze an.

Viele verschiedene Pflanzen werden angebaut.	☐ richtig	☐ falsch
Das Futter für die Tiere wird nicht angebaut.	☐ richtig	☐ falsch
Der Anbau der Pflanzen wechselt auf den Feldern.	☐ richtig	☐ falsch
Auf dem Hof Haas gibt es nur Schweine.	☐ richtig	☐ falsch
Gülle und Mist werden als Dünger verwendet.	☐ richtig	☐ falsch
Bei der ökologischen Landwirtschaft fällt viel Arbeit an.	☐ richtig	☐ falsch

Vom Ferkelzuchtbetrieb zum Verbraucher

25556EX

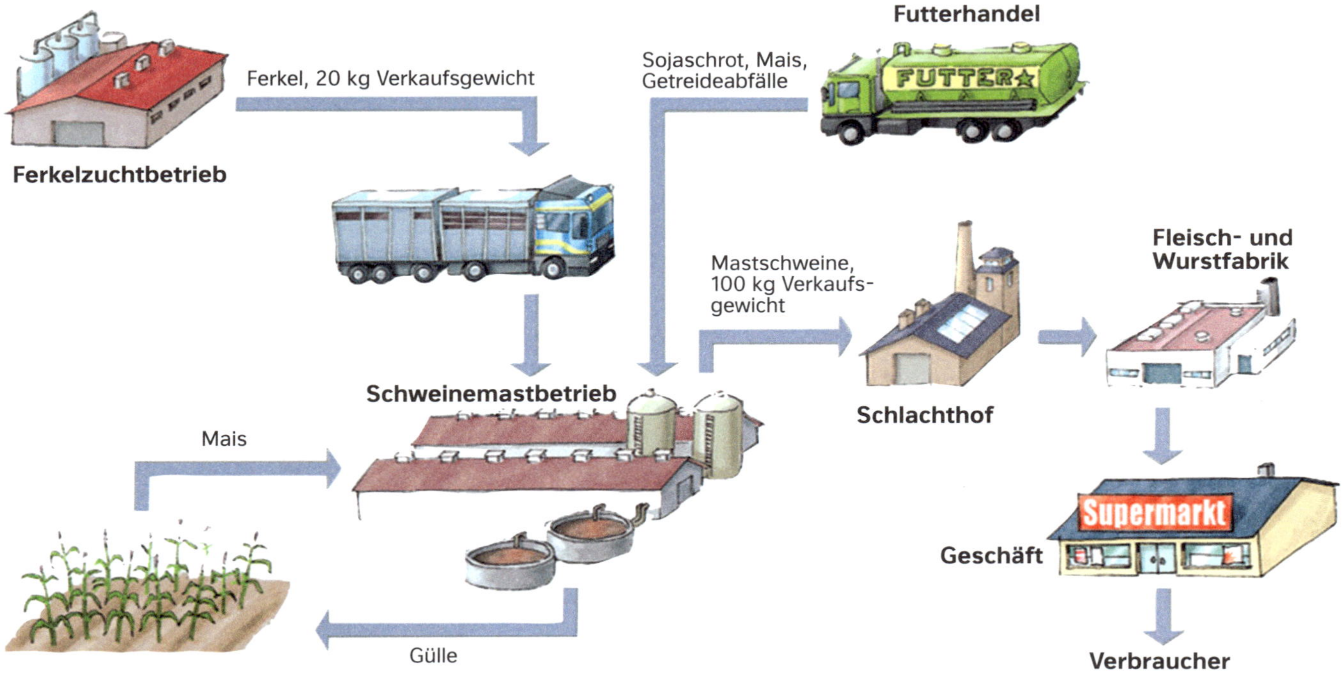

M1 Der Weg vom Ferkelzuchtbetrieb zum Verbraucher

1 Schweinefleisch und Wurst kannst du im Supermarkt kaufen.
2 Bis die Ware dort im Regal liegt, hat sie aber einen langen Weg hinter sich.

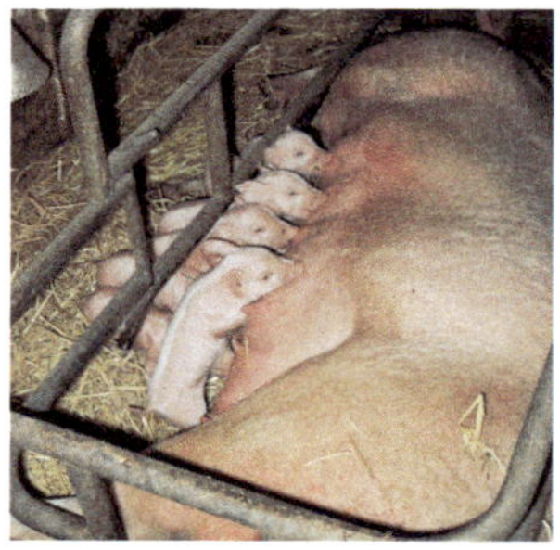

M2 Im Ferkelzucht-betrieb

Aufgabe:

1. Ergänze die Lücken im Text. Die Abbildungen und M1 helfen dir.

Die Ferkel wachsen im  ____________________-
_______________ auf.

Wenn sie 20 kg wiegen, werden sie zum 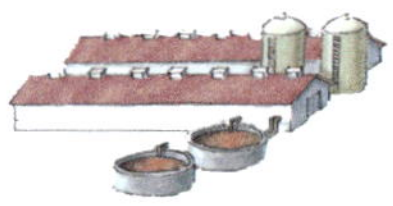
____________________________________ gebracht.

Wenn sie 100 kg wiegen, werden sie zum 
____________________________ gebracht.

Von dort kommen sie zur  ____________________- und
____________________________.

Fleisch und Wurst werden dann an 

__________________ geliefert.

M3 Schweinestall

Vom Feld zum Verbraucher

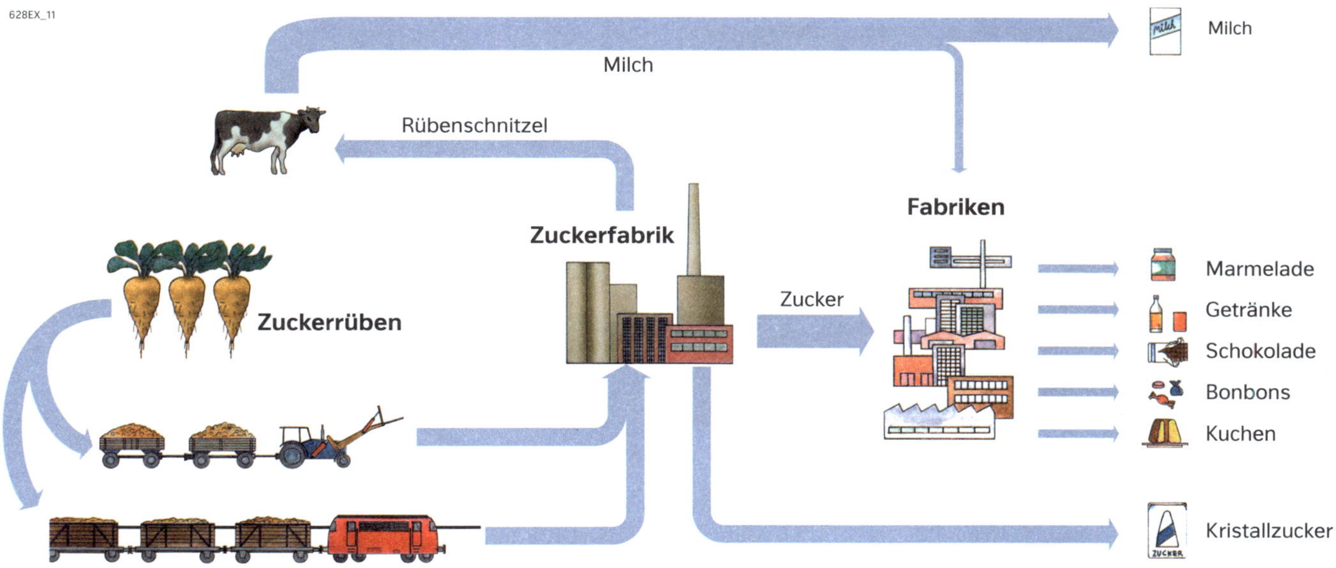

M1 Der Weg von der Zuckerrübe auf dem Feld zum Verbraucher

Zucker wird aus **Zuckerrüben** hergestellt. Zuckerrüben werden auf **sehr guten Böden** angebaut. Vom Feld bis zum Verbraucher ist es aber ein langer Weg.

M2 Zuckerrübe

M3 Zuckerrübenfeld

M4 Rübenschnitzel

Aufgaben:

1. Ergänze die Lücken. *Tipp:* Schau in M1 nach.

Nach der Ernte werden die Z _ _ _ _ _ _ Ü _ _ _ zur

_ _ C _ _ _ F _ _ _ _ _ gebracht.

Dort wird aus den Zuckerrüben Z _ _ K _ _ gewonnen.

Der meiste Zucker wird an F _ _ _ _ _ _ N geliefert.

Sie nutzen den Zucker, um süße Waren herzustellen.

Marmelade, G _ _ _ Ä _ _ _ , B _ _ _ O _ _ ,

SCH _ _ _ _ _ _ _ und K _ _ H _ _ kann man dann im Geschäft kaufen.

Der K R I _ _ A _ _ Z _ _ _ _ _ kommt direkt in die Geschäfte.

2. Aus den Resten der Zuckerrübe werden Rübenschnitzel hergestellt. Schau in M1 nach, wofür man die Rübenschnitzel verwendet. Kreuze an.

☐ Die Rübenschnitzel sind Dünger für die Felder.

☐ Die Rübenschnitzel sind Futter für die Kühe.

Das Ruhrgebiet – Industrie entsteht

M1 Arbeiter in einem Hüttenwerk im Ruhrgebiet

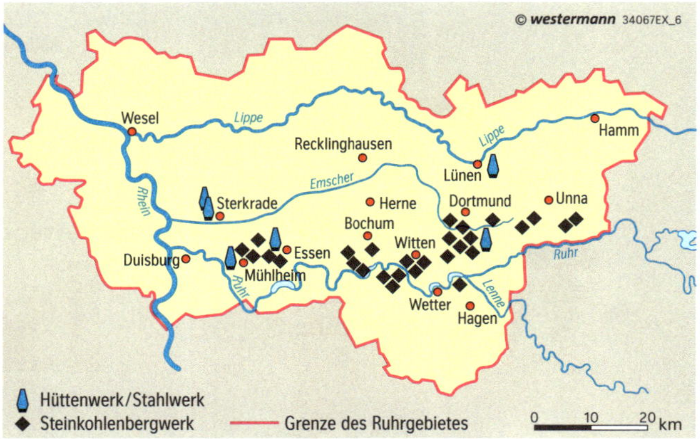

M3 Die ersten Hüttenwerke und Bergwerke

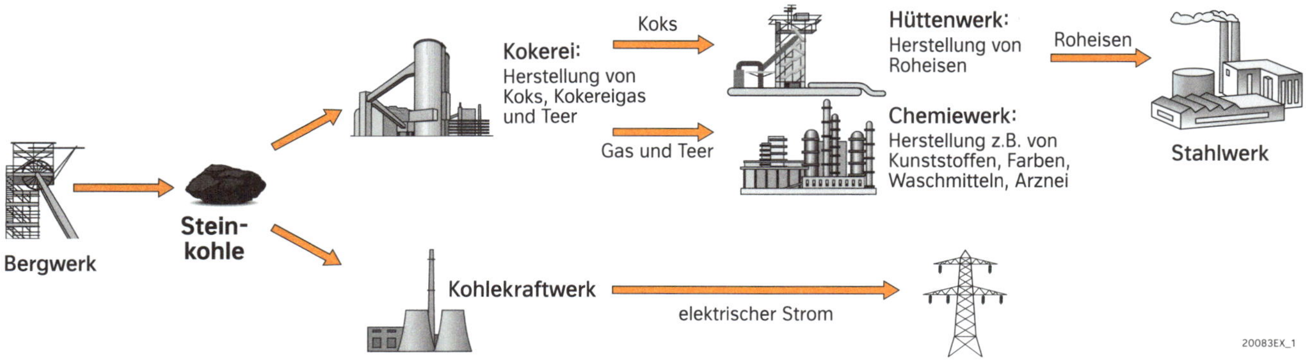

M2 Verwendung von Steinkohle

1 Das **Ruhrgebiet** liegt in Nordrhein-Westfalen.
2 Das Ruhrgebiet entwickelte sich zum **größten Industriegebiet Deutschlands**.
3 Entscheidend war der **Rohstoff Steinkohle**.
4 Es entstanden **Steinkohlenbergwerke**.
5 Aus der **Steinkohle** wurde in **Kokereien Koks** hergestellt.
6 Den Koks brauchten die **Hüttenwerke**.
7 In den Hüttenwerken wurde aus **Eisenerz** das **Roheisen** herausgeschmolzen.
8 Aus dem **Roheisen** wurde dann **Stahl** hergestellt.

Aufgaben:

1. Schreibe die richtigen Begriffe an die Abbildungen. M2 hilft dir.

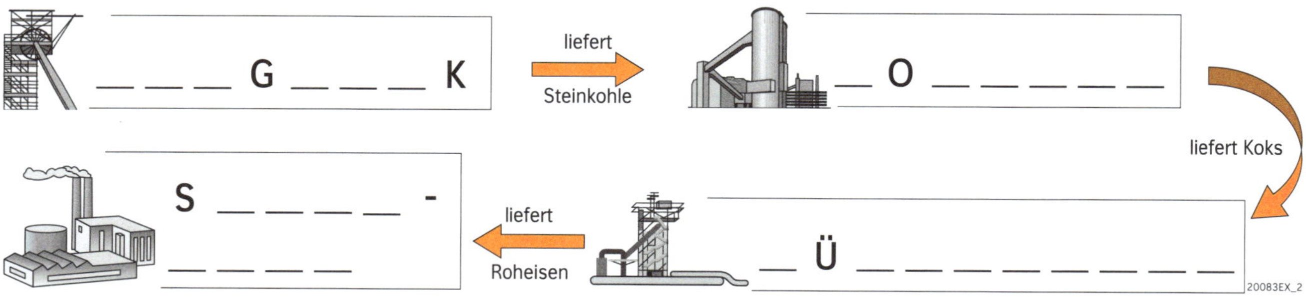

2. Ergänze den Satz.

Das Ruhrgebiet entwickelte sich zum ______________________________

Das Ruhrgebiet verändert sich

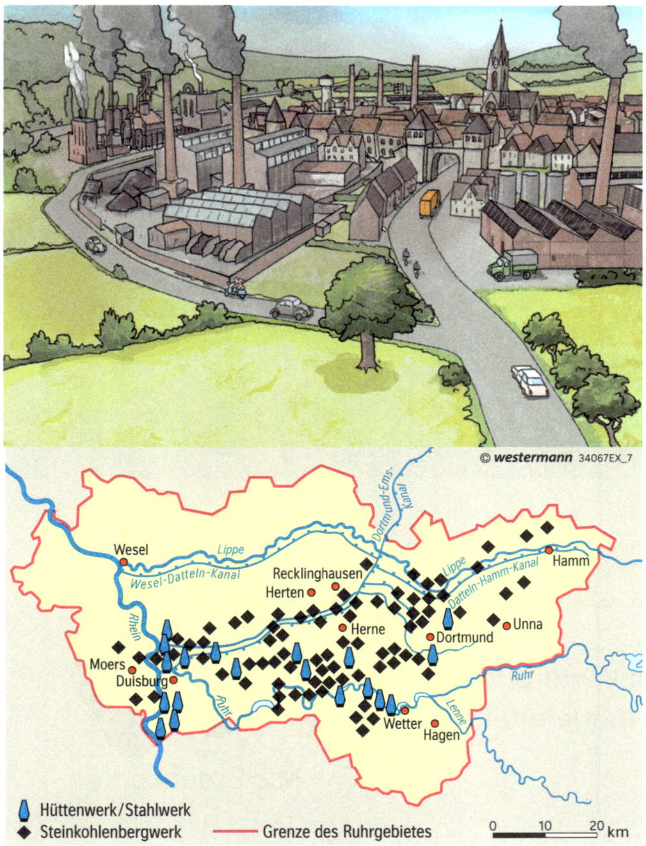

M1 Das Ruhrgebiet 1950

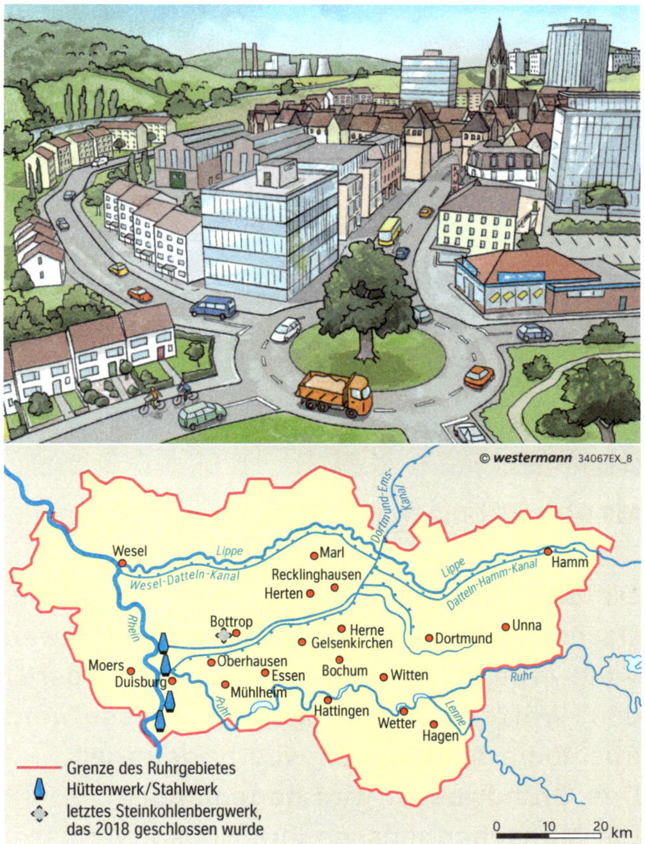

M2 Das Ruhrgebiet 2018

1 Immer **mehr Bergwerke** wurden errichtet.
2 Immer **mehr Stahlwerke** kamen hinzu.
3 Das Ruhrgebiet wurde zu einem **Industriegebiet**.
4 Es wurden auch immer **mehr Arbeitskräfte** benötigt.
5 Viele Menschen zogen ins Ruhrgebiet.
6 **Dörfer** wurden zu Städten und **Städte** wurden zu **Großstädten**.
7 Ab Ende der 1950er-Jahre wurde jedoch **immer weniger Steinkohle benötigt**.
8 Außerdem war Steinkohle aus anderen Ländern billiger.
9 Also wurde **Steinkohle aus anderen Ländern** nach Deutschland gebracht.
10 Die **Bergwerke mussten schließen**.
11 Ab Mitte der 1970er-Jahre **verlor auch die Stahlindustrie an Bedeutung**.

Aufgaben:

1. Zähle in M1 nach, wie viele Hütten-/Stahlwerke es 1950 im Ruhrgebiet gab. ________

2. Zähle in M2 nach, wie viele Hütten-/Stahlwerke es 2018 im Ruhrgebiet gibt. ________

3. Ordne die folgenden Begriffe den Zeichnungen oben in M1 und M2 zu.

moderne Häuser – rauchende Schornsteine – Fabriken – Hochhäuser – Felder – Park

M1: ______________________________ M2 ______________________________

______________________________ ______________________________

Braunkohle – der Abbau verändert die Landschaft

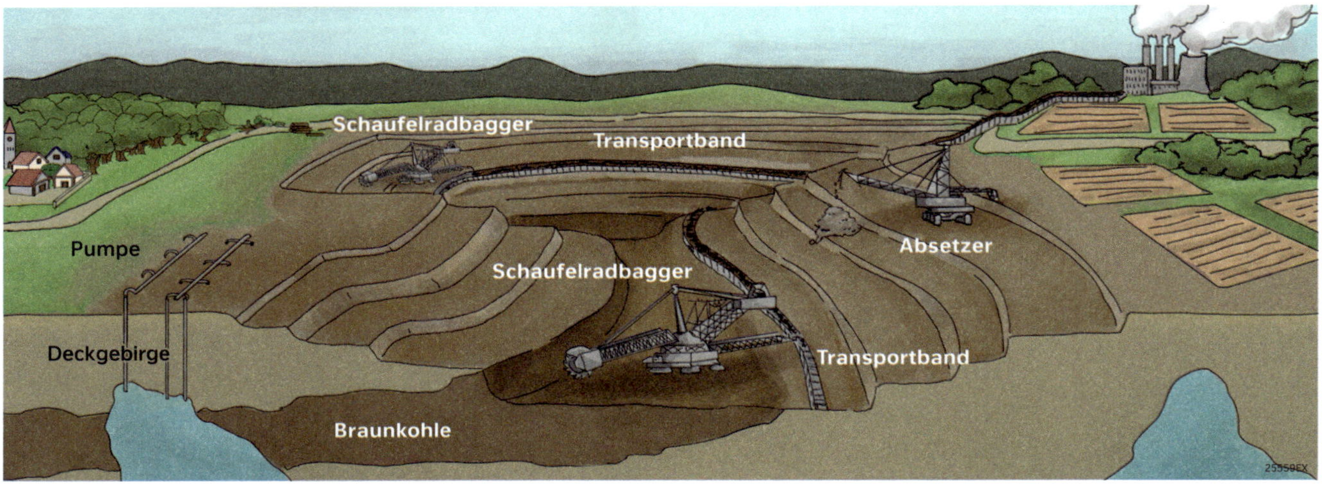

M1 Braunkohle wird im Tagebau abgebaut.

1 Die Braunkohle liegt näher an der Erdoberfläche als Steinkohle.
2 Deshalb kann sie im **Tagebau** abgebaut werden.
3 Viele Arbeiten müssen vor dem Abbau der Braunkohle erledigt werden: **Wälder** werden **abgeholzt**, **Flüsse** werden **umgeleitet**, der fruchtbare **Ackerboden** wird **abgetragen**.
4 Das **Grundwasser** wird **abgepumpt**.
5 Die **Menschen** müssen ihre Häuser verlassen und in neue Dörfer umziehen.
6 Dann tragen **Schaufelradbagger** das **Deckgebirge** ab.
7 Über **Transportbänder** gelangt der **Abraum** zum **Absetzer**.
8 Der **Absetzer** verkippt den Abraum.
9 Nun kann die Braunkohle abgebaut werden.
10 **Schaufelradbagger** bauen die **Braunkohle** ab.
11 Die **Braunkohle** gelangt über **Transportbänder** zum **Kraftwerk**.
12 Im Kraftwerk wird mithilfe der Braunkohle **Strom** erzeugt.

M2 Braunkohle

M3 Das Schaufelrad frisst sich in die Braunkohle hinein.

Aufgabe:

1. Verbinde die Satzteile mit Pfeilen wie im Beispiel.

Schaufelradbagger tragen	verkippt den Abraum.
Über Transportbänder	wird zum Kraftwerk transportiert.
Der Absetzer	das Deckgebirge ab.
Schaufelradbagger	wird abgepumpt.
Die Braunkohle	müssen umziehen.
Das Grundwasser	gelangt der Abraum zum Absetzer.
Die Menschen im Abbaugebiet	bauen die Braunkohle ab.

Die zerstörte Landschaft wird rekultiviert

M1 Der Tagebau „wandert“ weiter.

Wenn die Braunkohle abgebaut ist, bleibt ein riesiges Loch. Die Landschaft muss nun neu gestaltet werden. Das nennt man **Rekultivierung**. Das Loch kann **mit Abraum zugeschüttet** werden. Darauf kann man den ehemaligen **Ackerboden wieder auftragen**. Das Loch kann aber auch **mit Wasser gefüllt** werden. Dann entsteht eine **Seenlandschaft**. Am See werden dann **Bäume gepflanzt** und Wege angelegt. Ein **Erholungsgebiet** ist entstanden.

M2 Neue Acker-flächen

M3 Seenlandschaft

Aufgaben:

1. Ergänze die beiden Wörter.

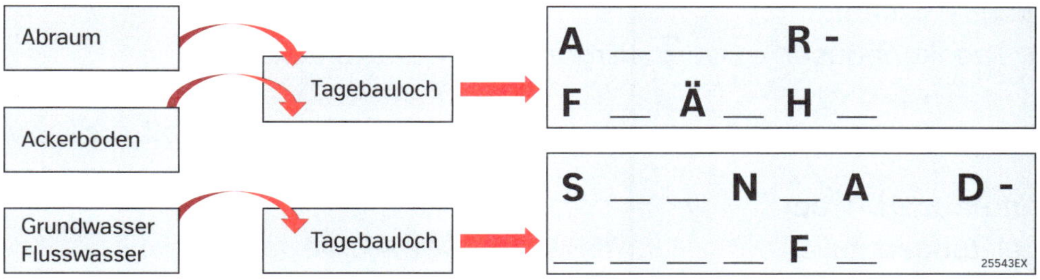

2. Zeichne ein Erholungsgebiet an einem See.

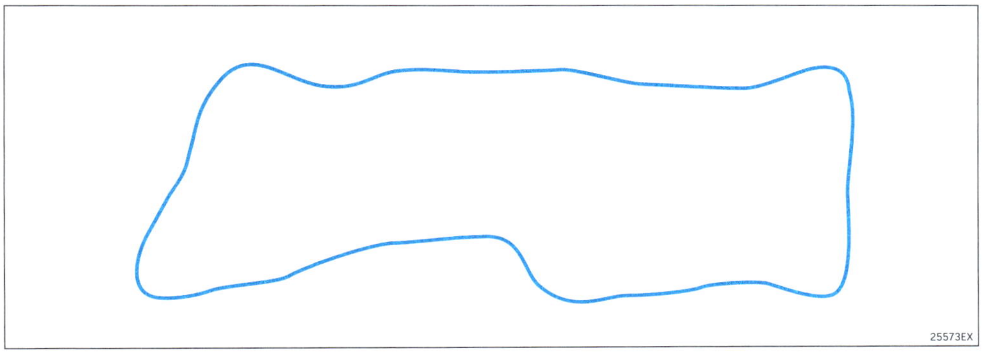

Dienstleistungen – der größte Wirtschaftsbereich

M1 Dienstleistungen (rechter Teil) bei der Herstellung und dem Verkauf einer Jacke

M2 Beschäftigte in den drei Bereichen der Wirtschaft in Deutschland

1 Im Ruhrgebiet haben sich **neue Industrien** angesiedelt, zum Beispiel die Automobilindustrie.
2 **Viele neue Arbeitsplätze** sind aber im Bereich der **Dienstleistungen** entstanden.
3 Dienstleistungen umfassen alle Tätigkeiten und Dienste, die der Versorgung von Menschen dienen.
4 Dienstleistungen bieten zum Beispiel Gaststätten, Hotels, Banken, Geschäfte, Versicherungen, Schulen, Krankenhäuser.

Aufgaben:

1. Ordne die folgenden Berufe nach M1 der Industrie und den Dienstleistungen zu.

(A) Verkäuferin in einer Modeabteilung
(B) Kassiererin im Kaufhaus
(C) Näherin in einer Textilfabrik
(D) Mode-Designerin bei einer Modefirma
(E) Lkw-Fahrerin bei einer Transportfirma
(F) Reinigungskraft in der Textilfabrik
(G) Scheiderin in einer Textilfabrik

Industrie: ______________________

Dienstleistungen: ________________

2. Fülle die Tabelle aus.
Ermittle die Zahlen mithilfe von M2.

Von 100 Menschen arbeiteten	
in der Land- und Forstwirtschaft	
in der Industrie (+ Bergbau)	
im Dienstleistungsbereich	

3. Ergänze den Lückentext.

In der Land- und Forstwirtschaft arbeiten ________________ (die meisten / die wenigsten) Menschen.
Im Bereich der Dienstleistungen arbeiten ________________ (die meisten / die wenigsten) Menschen.

4. Notiere die drei Bereiche der Wirtschaft.

- L _ _ _ - UND F _ _ _ T _ _ _ T _ _ _ _ _ _ _
- _ N _ _ _ _ _ _ E
- _ _ _ _ _ S _ _ E _ _ _ _ _ _ _ E _

Ohne Energie geht nichts

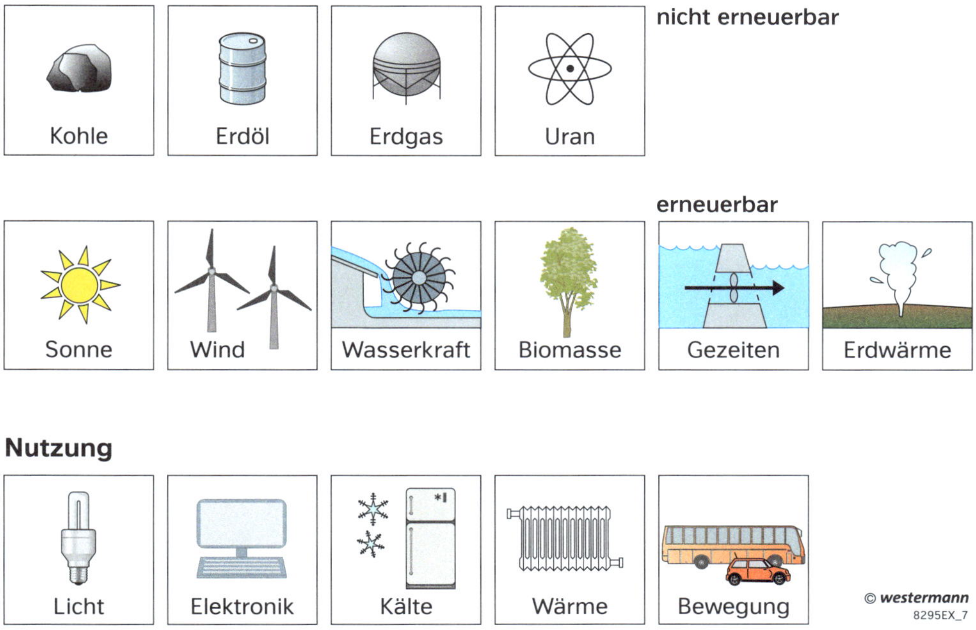

M1 Verschiedene Energieträger und ihre Nutzungsmöglichkeiten

Nicht erneuerbare Energieträger:

Die Vorkommen dieser Energieträger sind begrenzt.

Erneuerbare Energieträger:

Diese Energieträger wachsen nach oder sind immer wieder von Neuem nutzbar.

1 Bis 2025 soll in Deutschland etwa **die Hälfte des Stroms aus erneuerbaren Energieträgern** gewonnen werden.
2 Die **nicht erneuerbaren Energieträger** verlieren an Bedeutung.
3 Diesen Wandel zu erneuerbaren Energien nennt man **Energiewende**.

M2 Strommasten

Aufgaben:

1. Beschrifte die Abbildungen.

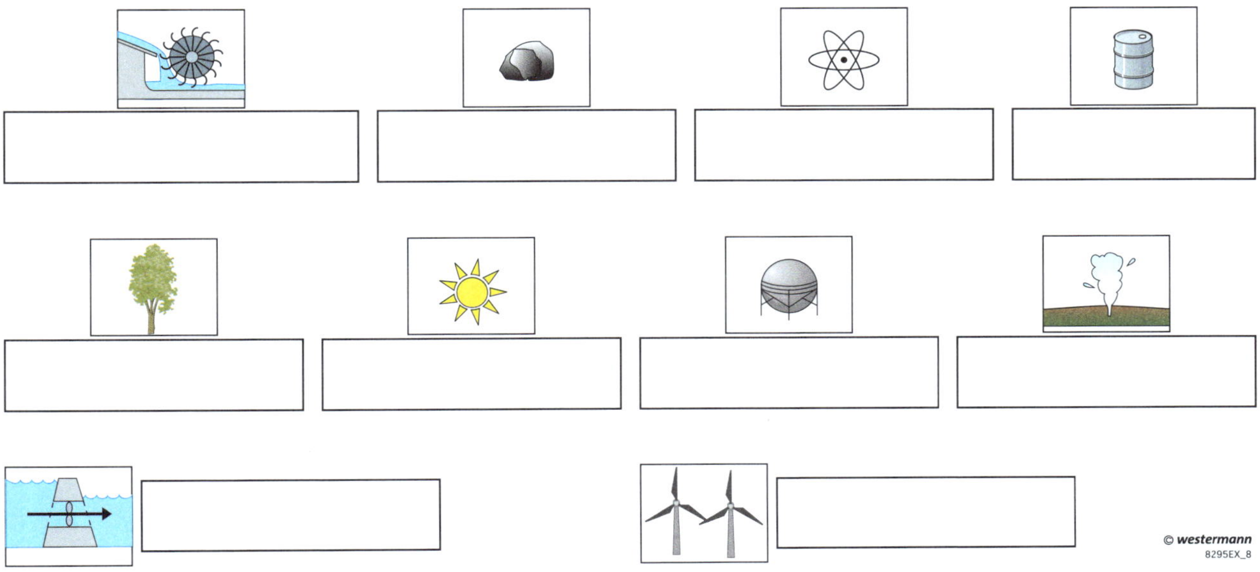

2. Unterstreiche die erneuerbaren Energieträger mit einem grünen Stift.

Am Meer – verschiedene Küstenformen

M1 Steilküste

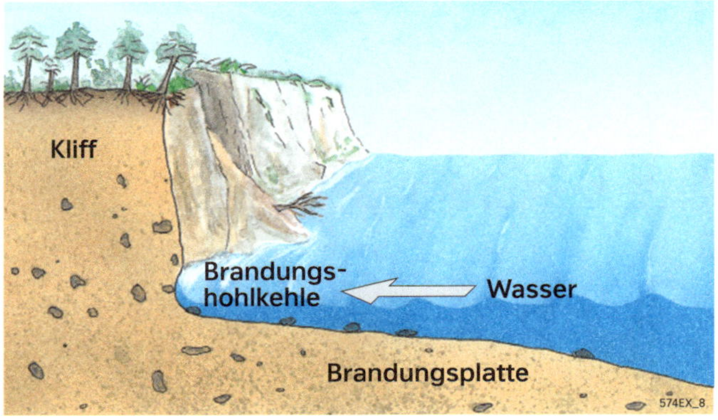

M2 Zeichnung der Steilküste

M3 Flachküste

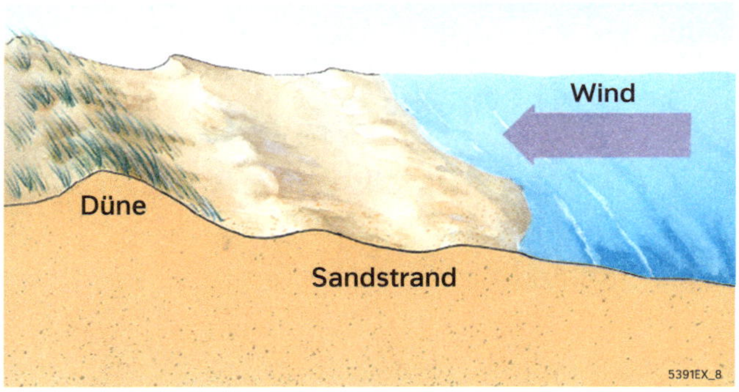

M4 Zeichnung der Flachküste

1 Am Meer gibt es **Steilküsten** und **Flachküsten**.
2 Die Steilküste hat ein **Kliff**.
3 Die **Brandung des Meeres** schlägt gegen das Kliff.
4 Es entsteht eine **Brandungshohlkehle**.
5 Das Gestein über der Brandungshohlkehle wird mit der Zeit locker.
6 **Teile des Kliffs brechen ab** und fallen auf die **Brandungsplatte**.
7 Die Flachküste hat einen **Sandstrand**.
8 Der **Wind weht** den Sand zu **Dünen** auf.

Aufgaben:

1. Vervollständige die Zeichnungen der beiden Küsten unten. Male deine Zeichnungen aus und beschrifte sie.

2. Ergänze den Lückentext.

Das W __ __ __ __ __ zerstört das Kliff.

Der __ I __ __ baut Dünen auf.

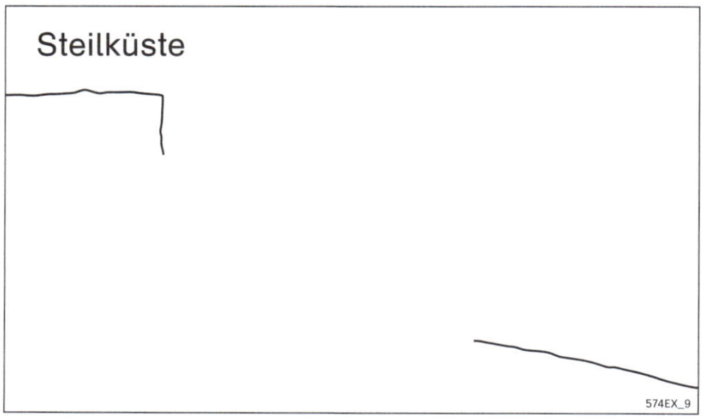

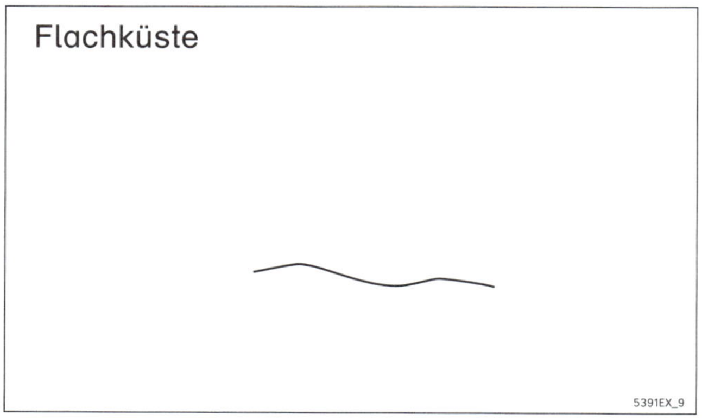

Das Wattenmeer – ein einzigartiger Lebensraum

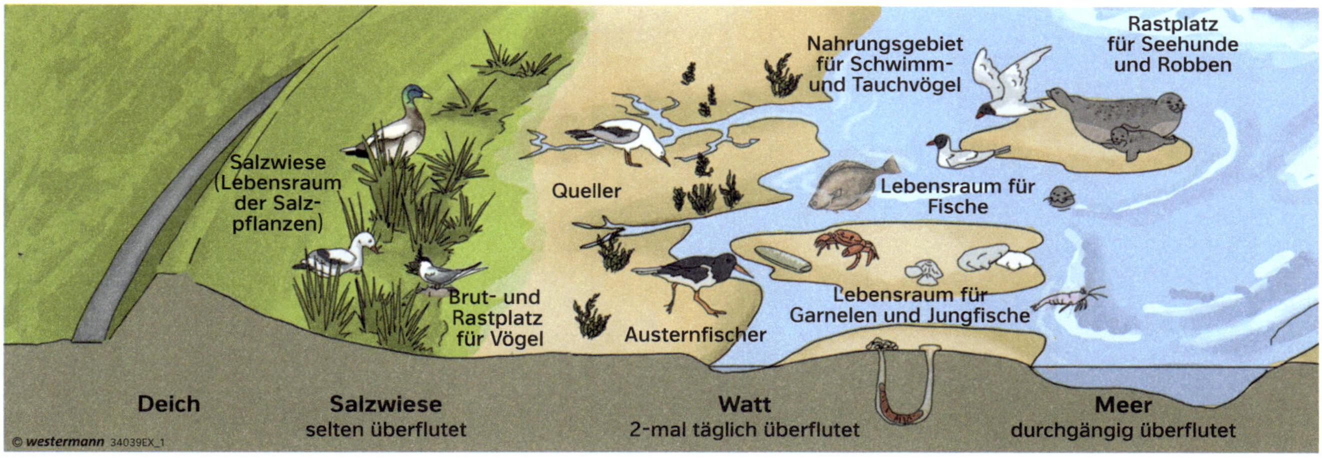

M1 Im Wattenmeer leben viele Tiere.

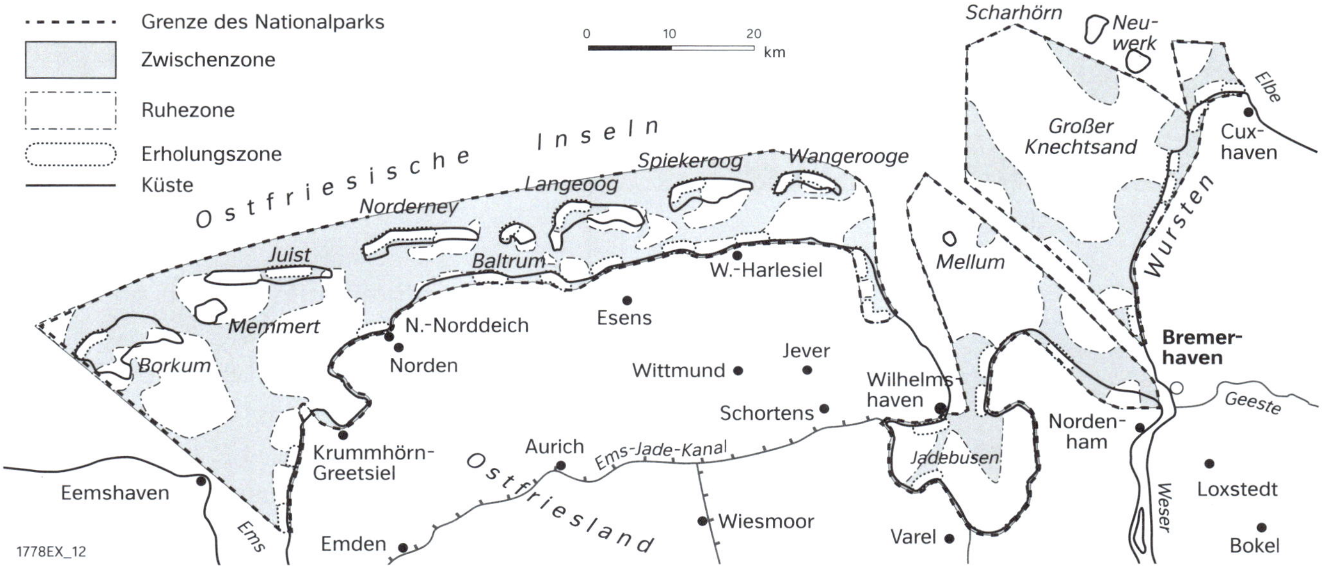

M2 Nationalpark Wattenmeer an der Nordseeküste

1 An der Nordseeküste gibt es das **Wattenmeer**.
2 Das Wattenmeer ist einzigartig in der Welt.
3 Zum **Schutz der Tiere und Pflanzen** hat man das **Wattenmeer** zum **Nationalpark** erklärt.
4 Im Nationalpark gibt es **drei Schutzzonen**.
5 Die **Ruhezone** ist **ganz streng geschützt**.
6 Sie darf **nicht betreten** werden.
7 In der **Zwischenzone** darf man **keine Blumen pflücken** und **keinen Lärm machen**.
8 In der **Erholungszone** dürfen sich die Menschen erholen.

Aufgaben:

1. a) Umrande in M2 den Nationalpark mit einer dünnen blauen Linie.
b) Male die Ruhezone in Grün und die Zwischenzone in Gelb aus.

2. Für welche Schutzzone gelten folgende Hinweisschilder?

 ______________________

 ______________________

An der Nordseeküste

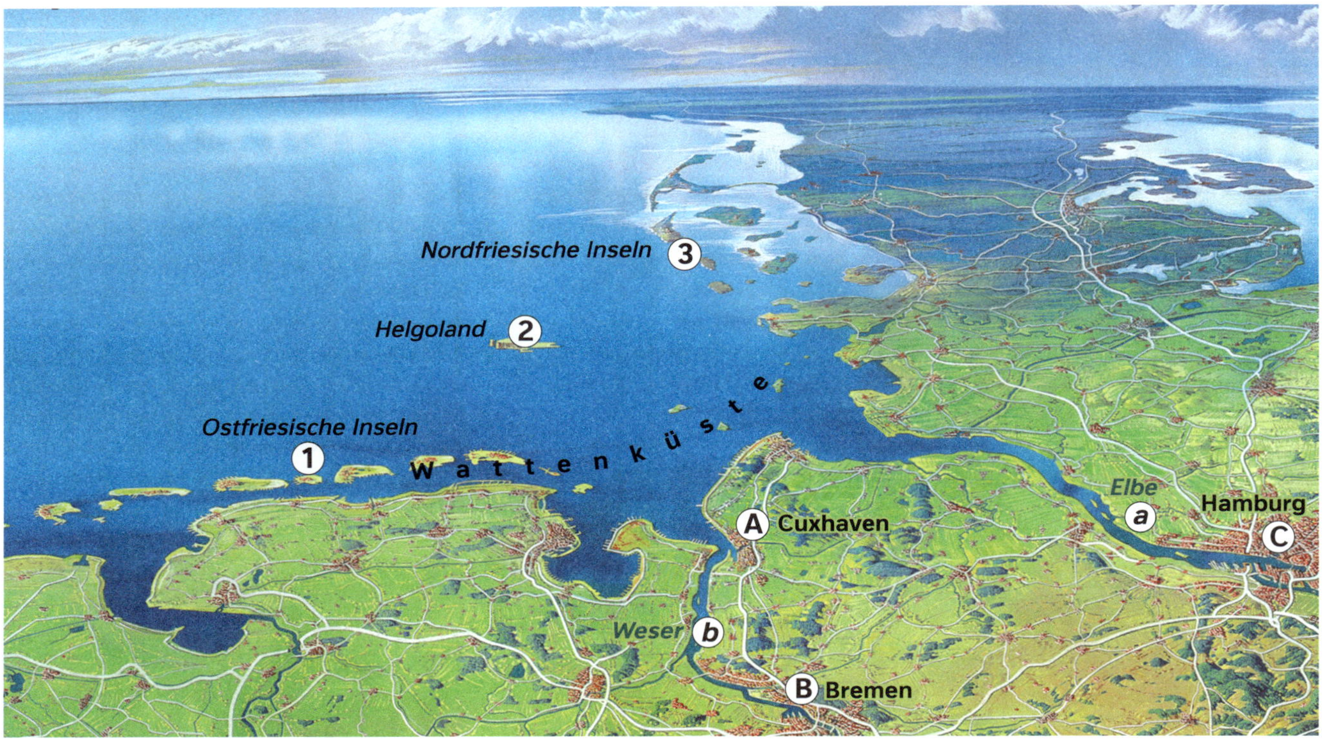

M1 Die Nordseeküste

M2 Im Wattenmeer bei Ebbe

1 Deutschland grenzt im Norden an die **Nordsee** und die **Ostsee**.
2 In der Nordsee treten **Ebbe** und **Flut** auf.
3 Bei **Ebbe** zieht sich das Wasser der Nordsee zurück.
4 Bei **Flut** strömt das Wasser wieder zum Land.
5 Der Meeresboden **zwischen dem Festland und den Inseln** fällt zeitweise trocken.
6 Dieser Bereich ist das **Wattenmeer**.
7 Die Küste heißt **Wattenküste**.

Aufgaben:

1. Notiere die Namen der Inseln, Städte und Flüsse in M1.

(1) ______________________ Inseln
(2) ______________________
(3) ______________________ Inseln.

A ____________________
B ____________________
C ____________________

a ____________________
b ____________________

2. Ergänze den Lückentext.

Bei ____________________ zieht sich das Wasser zurück. Bei ____________________ strömt es wieder zum Land.

Das Wattenmeer liegt zwischen ____.

An der Ostseeküste

M1 Die Ostseeküste

1 Die **Ostsee** ist ein **Binnenmeer**.
2 Der Meeresspiegel schwankt nur um wenige Zentimeter am Tag.
3 An der Ostsee gibt es **zwei verschiedene Küstenformen**.
4 Die Küste westlich der Insel Fehmarn heißt **Fördenküste**.
5 Die Küste östlich der Insel Fehmarn heißt **Boddenküste**.

M2 Am Strand bei Ahlbeck auf Usedom

Aufgaben:

1. Notiere die Namen der Inseln, Städte und Flüsse.

(1) ______________________
(2) ______________________
(3) ______________________

A ______________________
B ______________________
C ______________________

D ______________________
a ______________________
b ______________________

2. Kreuze die richtigen Antworten an.

☐ Die Küste östlich der Insel Fehmarn heißt Fördenküste.

☐ An der Ostsee gibt es eine einzige Küstenform.

☐ Die Ostsee ist ein Binnenmeer.

In den Alpen im Sommer

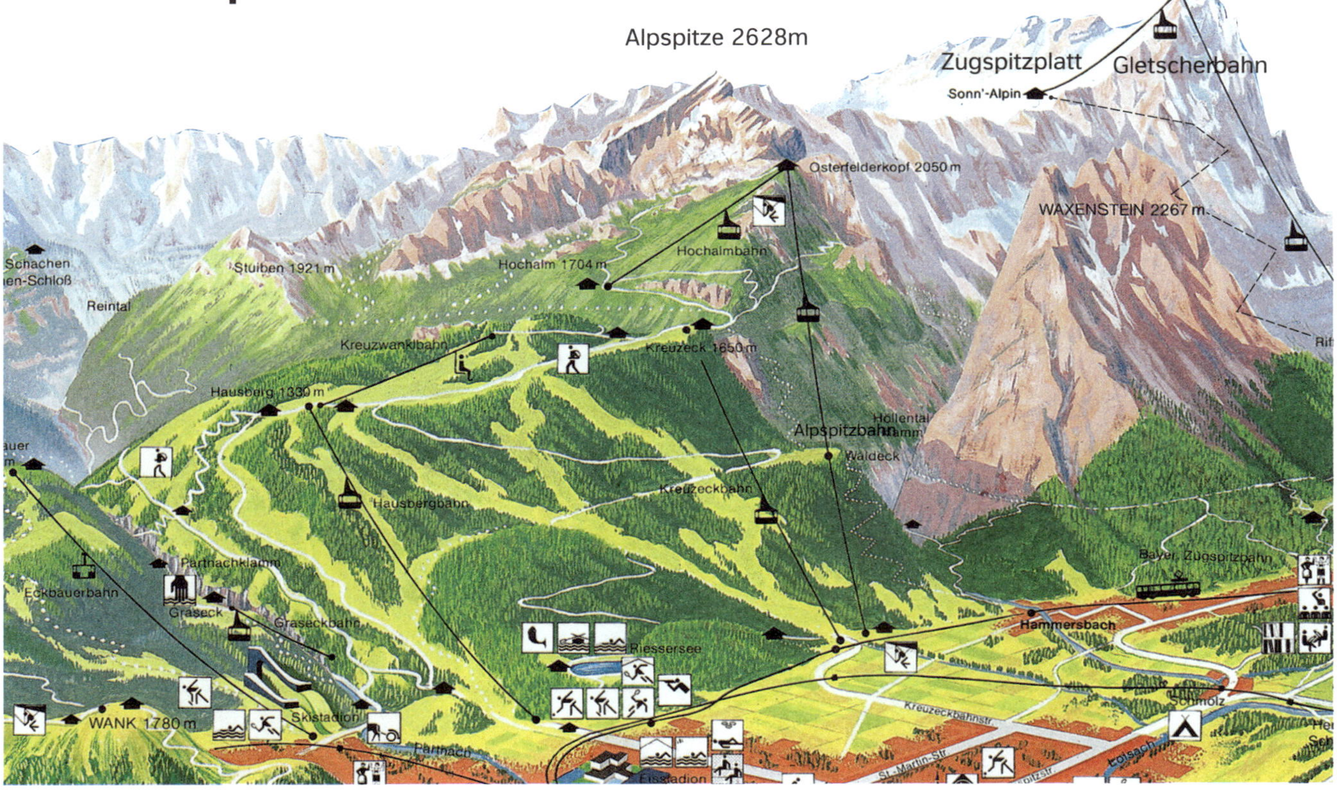

Angebote für die Touristen in Garmisch-Partenkirchen; teilweise sind sie auf dem Kartenausschnitt:

Information	Museum	Sommerstockbahnen	Squash	Motorbootrundfahrt	Berggasthaus
Kongress	Folklore	Kegeln	Pferdekutschen	Segeln im Leihboot	Wanderweg
Kurpark	Kasino	Minigolf	Naturlehrpfad	Wildwasserfahren	
Leseraum	Sauna	Eislaufen	Bergsteigerschule	Tauchen	
Kurmittel	Solarium	Tennis	Drachenfliegen	Angeln	

175EX_5

M1 Sommerangebote in Garmisch-Partenkirchen

Jedes Jahr kommen viele **Touristen** nach Garmisch-Partenkirchen. Sie haben **unterschiedliche Interessen**. Die einen wollen wandern, die anderen wollen lieber Minigolf spielen. Für **alle Altersgruppen** gibt es in Garmisch-Partenkirchen Angebote.

Aufgaben:

1. Überprüfe, ob es folgende Angebote gibt. Kreuze an.

- ☐ Wanderwege
- ☐ Tennisplatz
- ☐ Wasserski
- ☐ Rollschuhbahn
- ☐ Drachenfliegen
- ☐ Tauchen
- ☐ Eislaufhalle
- ☐ Kegelbahn
- ☐ Schlauchbootverleih
- ☐ Bergbahnen
- ☐ Segelbootverleih
- ☐ Leseraum

2. Markiere in M1 die folgenden Stationen.

Mit der Bergbahn fahren wir auf den **Osterfelderkopf**. Von hier geht es mit der **Hochalmbahn** zur **Hochalm** auf 1704 m. Wir wandern bergab zum **Kreuzeck** auf 1650 m. Dann wandern wir zum **Hausberg** auf 1330 m. Mit der **Hausbergbahn** geht es zurück ins Tal.

3. Was würdest du gerne in Garmisch-Patenkirchen unternehmen?

In den Alpen im Winter

Angebote für die Touristen in Garmisch-Partenkirchen; teilweise sind sie auf dem Kartenausschnitt:

Skilanglauf	Pferdeschlittenfahrt	Skiverleih	Eisstockverleih
Rodeln	Wildfütterung	Schlittschuhverleih	Langlauf-Loipe
Liegestuhlverleih	Skischule	Skikindergarten	Touren

Die Ziffern bezeichnen Skiabfahrten

leicht · mittel · schwer

M1 Winterangebote in Garmisch-Partenkirchen

Im Winter wollen die **Touristen** in Garmisch-Partenkirchen vor allem **Ski laufen**. Deshalb wurden viele **Skipisten** für sie angelegt. Die **Bergbahnen** bringen die Skiläufer auf die Berge. Von dort aus können die Skiläufer bis ins Tal fahren.

Aufgaben:

1. Die Skiläufer in M2 befinden sich auf der Skiabfahrt 29.
Handelt es sich um eine leichte Abfahrt? ☐ ja ☐ nein

2. Sie fahren weiter auf vier anderen Skiabfahrten.
Notiere, wie schwierig diese Abfahrten sind.

(30) ____________ (33) ____________ (21) ____________

(19) ____________

3. Überprüfe, ob man sich auf der Hochalm Liegestühle leihen kann.

☐ ja ☐ nein

M2 Vom Osterfelderkopf fahren die Skiläufer über zwei Abfahrten zur Hochalm.

Gletscher in den Alpen

1 Ein Gletscher ist eine **Eismasse** in einem Hochgebirge.
2 **Oberhalb der Schneegrenze** liegt das **Nährgebiet** eines Gletschers.
3 Der **Schnee** taut im Sommer nicht auf.
4 Neuer Schnee fällt im Winter.
5 Der Schnee wird zusammengepresst.
6 Er wird zu Eis.
7 Ein **Gletscher** schiebt sich ins Tal.
8 Dabei entstehen **Gletscherspalten**.
9 Beim Rutschen zermahlt er das Gestein des Gebirges zu Schutt.
10 Er lagert den Schutt als **Moränen** ab.
11 Unten im **Zehrgebiet** taut der Gletscher.
12 Das Tauwasser fließt als **Gletscherbach** aus dem **Gletschertor** hinaus.
13 Das Klima wird wärmer und die Gletscher tauen immer mehr ab.

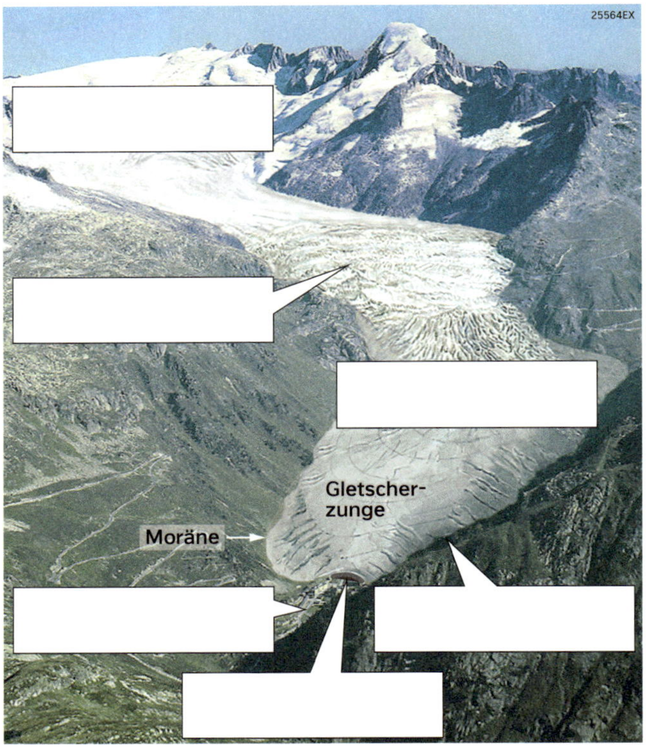

M1 Ein Gletscher in den Alpen

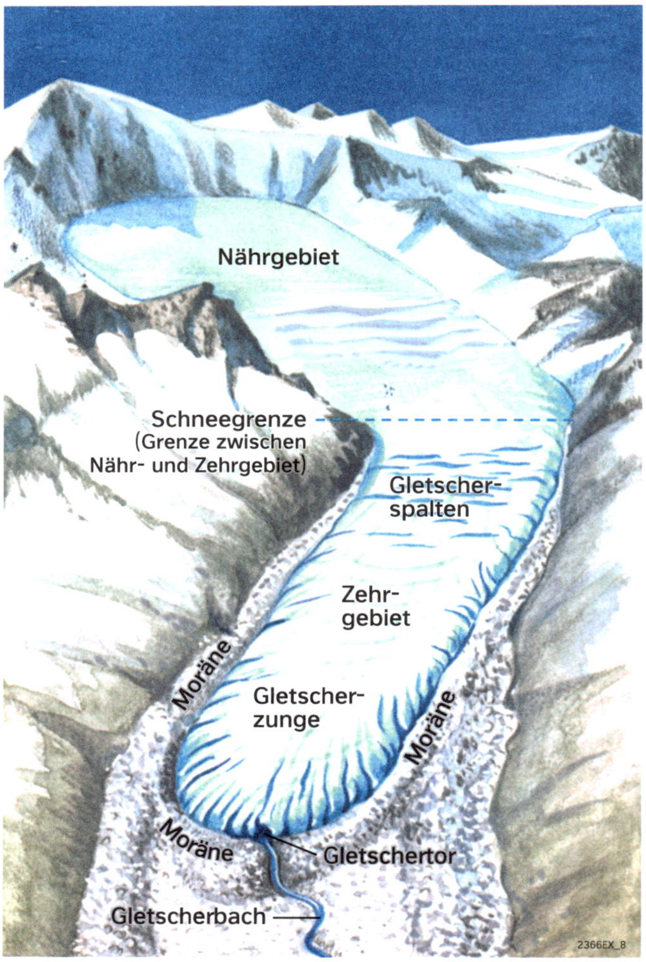

M2 Schema eines Gletschers

Aufgaben:

1. Trage in M1 folgende Begriffe ein: Gletschertor, Gletscherbach, Nährgebiet, Zehrgebiet, Gletscherspalten, Moräne.

2. Ergänze die Sätze.

Ein Gletscher schiebt sich ins ___ ___ ___ .

Er zermahlt das Gestein zu Schutt und

lagert es als ___ ___ ___ Ä ___ ___ ___ ab.

Das Gletschereis schmilzt im ___ ___ ___ ___-

gebiet ab.

3. Trage die folgenden Begriffe in der richtigen Reihenfolge ein.

Gletscher – Schnee – Eis

Eine Gletscherwanderung

M1 Auf einer Gletscherwanderung

M2 An einer Gletscherspalte

1 Ein **Gletscherwanderer** berichtet:
2 Vor uns lag der **Gletscher**.
3 Wir **seilten uns an** und gingen hintereinander.
4 Wir sahen die tiefen **Gletscherspalten**.
5 Sie sind gefährlich.
6 Die **Sonne** brannte.
7 Zum Glück hatten wir alle **Helme** auf und **Sonnencreme** dabei.
8 Der Schnee reflektierte das Sonnenlicht.
9 Ohne **Sonnenbrille** würden unsere Augen geschädigt.
10 Bei jedem Schritt mussten wir aufpassen.
11 Es war gut, dass wir **feste Schuhe** angezogen hatten.

M3 Was nehmen wir davon auf eine Gletscherwanderung mit?

Aufgaben:

1. Beschreibe die Gefahren bei einer Gletscherwanderung.

Die _ _ E _ _ _ _ E _ _ _ A _ _ _ _ sind tief, man kann hineinfallen. Auf dem S _ _ _ _ E kann man ausrutschen. Die _ O _ _ _ kann die Haut und die Augen schädigen.

2. Notiere, welche Gegenstände aus M3 du auf eine Gletscherwanderung mitnimmst.

____

____

Höhenstufen in den Alpen

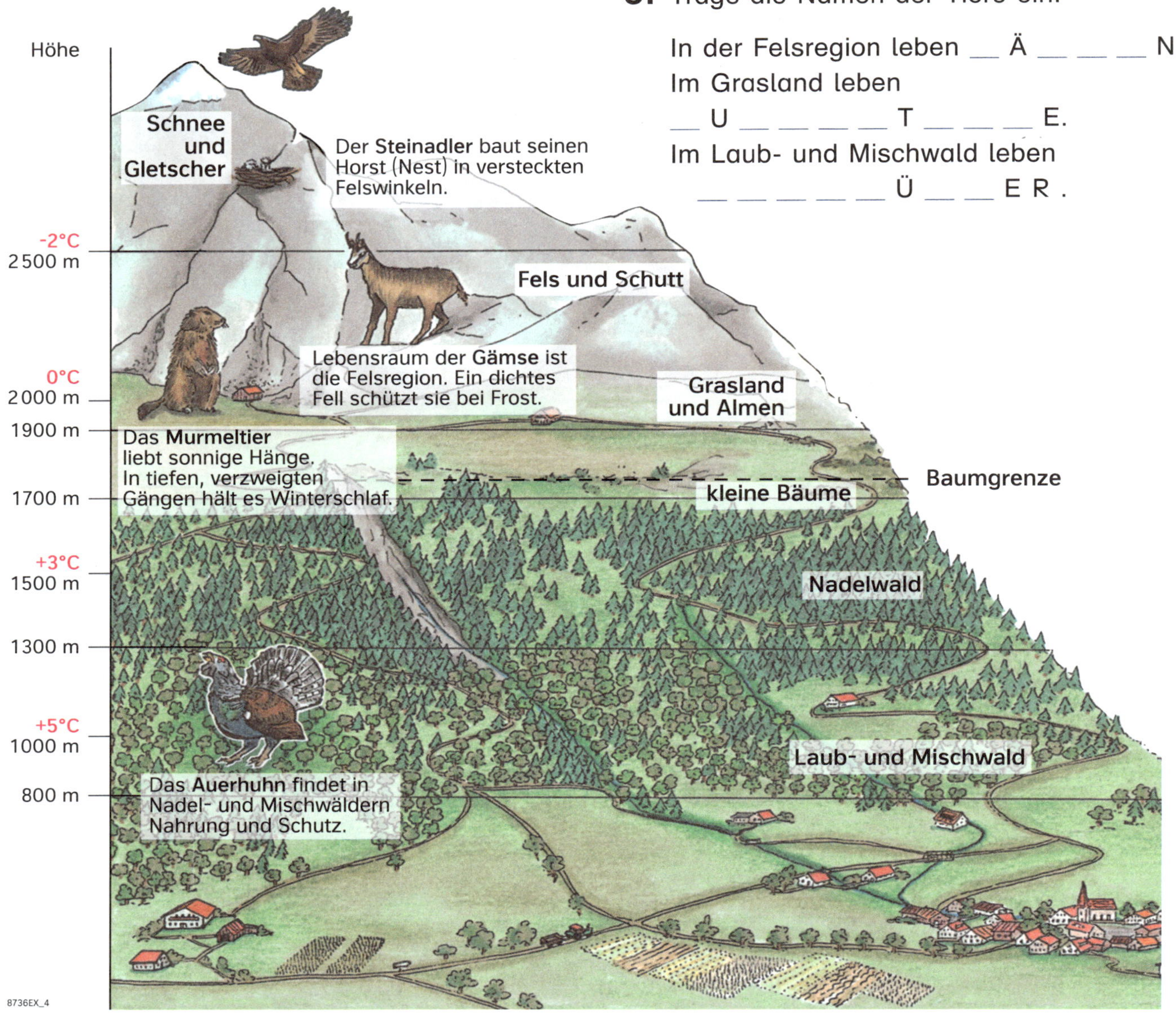

M1 Höhenstufen in den Alpen

3. Trage die Namen der Tiere ein.

In der Felsregion leben _ Ä _ _ _ N.
Im Grasland leben
_ U _ _ _ _ T _ _ _ E.
Im Laub- und Mischwald leben
_ _ _ _ _ _ Ü _ _ E R .

1 Die Alpen sind ein **Hochgebirge**.
2 Auf den Bergen ist es **kälter** als im Tal.
3 Die **Vegetation** hat sich angepasst.
4 Es gibt **Höhenstufen** der Vegetation.

Aufgaben:

1. Trage die Temperaturen in die Tabelle ein.

2500 m	
2000 m	
1500 m	
1000 m	

2. Notiere die Namen der Höhenstufen. Beginne im Tal.

L _ _ _ - und M _ _ _ _ _ _ _ _
N _ _ _ _ _ _ _
K _ _ _ N _   _ Ä _ _ _
G _ A _ _ _ _ _ und A _ M _ _
F _ _ _ und S _ _ _ _ T
S _ H _ _ _ und G L _ T _ _ _ _ R

Die Alpen haben sich verändert

M1 Tal in den Alpen früher

M2 Tal in den Alpen heute

1 Die Menschen in den Alpen lebten von der **Landwirtschaft**.
2 Sie nutzten auch die Hänge der Berge.
3 Im **Frühjahr** kamen die Kühe und die jungen Rinder auf die **Voralm**.
4 Im Sommer waren die jungen Rinder auf der **Hochalm**.

5 Die Alpen wurden das **Urlaubsziel von Touristen**.
6 Heute gibt es **viele Bergbahnen**.
7 **Skipisten** zerschneiden den Wald.
8 **Hotels** und **Restaurants** wurden gebaut.
9 Viele Menschen arbeiten nun im **Tourismus**.

Aufgabe:

1. Zeichne passende Pfeile ein wie im Beispiel.

Skipisten | Bergbahnen | Hotels | viele Häuer | breite Straßen | Tourismus | Landwirtschaft → früher | dichter Wald | kleines Dorf | heute

Sanfter Tourismus in den Alpen

M1 Bad Hindelang

1 Bad Hindelang bietet seinen Gästen einen **sanften Tourismus**.
2 Die **Natur** soll so wenig wie möglich durch den Tourismus geschädigt werden.
3 Die Urlauber sollen die **Natur erleben** können.
4 Mit einer Gästekarte kann man die **Busse kostenlos** benutzen.
5 **Weniger Autoverkehr** verursacht **weniger Luftverschmutzung**.

M2 Klettern in der Natur, ein Angebot für Kinder

Aufgaben:

1. Entscheide, welcher Werbetext auf Bad Hindelang zutrifft.

A „Bad Hindelang – das bedeutet Spaß und Spiel. Quer durch die Natur auf zwei oder vier Rädern – grenzenlose Freiheit! Sie erreichen alle Parkplätze bequem mit dem Auto."

B „Bad Hindelang liegt idyllisch in einem Tal, umgeben von den grandiosen Bergen. Genießen Sie die Natur. Kinder lernen spielerisch die Natur kennen. Mit der Gästekarte können sie alle Busse kostenlos benutzen. Also lassen Sie Ihr Auto stehen."

Zutreffend ist: ____________

2. Ergänze den Satz.

Einen Tourismus, der die Natur schont, nennt man _ _ _ F _ _ _

T _ _ _ I _ _ _ _.

3. Bad Hindelang liegt im **Naturschutzgebiet Allgäuer Hochalpen**. Ordne folgende Hinweise den Schildern zu.

Nicht die Wege verlassen. Hunde anleinen. Keinen Müll wegwerfen.

 ______________________________

 ______________________________

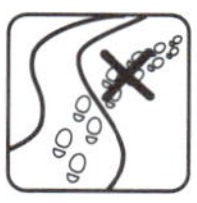 ______________________________

4. Zeichne selbst ein Hinweisschild.

Kein Feuer machen.

Urlaub am Mittelmeer – Mallorca

M1 Am Strand von Magaluf auf Mallorca

1 Viele **Urlauber** verbringen ihren Urlaub auf **Mallorca**.
2 Mallorca hat viel zu bieten: **Sandstrände, Sonne und Meer**.
3 Aus kleinen Dörfern wurden **Touristenorte mit Hochhäusern**.
4 Der Tourismus ist zu einem **Massentourismus** geworden.

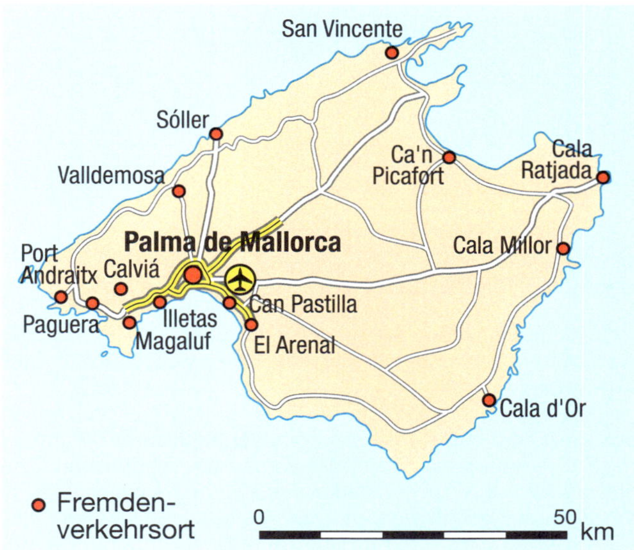

M2 Karte von Mallorca

Aufgaben:

1. Beschreibe Magaluf (M1).
Der Lückentext hilft dir.

Magaluf liegt direkt am __ __ __ R.

Am __ __ __ A __ __ stehen viele Sonnenliegen.

Die Häuser im Ort sind sehr __ __ C __.

Hier wohnen die T __ __ __ __ __ __ __ N.

Zwischen den Häusern und dem Strand gibt es viele __ Ä U __ __.

Hinter dem Ort beginnen die B __ __ G __.

2. Auf dem Weg vom Flughafen nach Magaluf fährt man an mehreren Orten vorbei. Unterstreiche die Namen dieser Orte:

El Arenal – Paguera – Illetas – Cala Millor – Palma de Mallorca – Cala d'Or

Bildquellen

alimdi.net, Deisenhofen: 22 M1 Mitte (Blossey); Arend, Jörg, Wedel: 35 M2, 38 M2; Astrofoto, Sörth: 3; Behrendes, Lena, Bad Hindelang: 46 M2; Berghahn, Matthias, Bielefeld: 31 M1 oben links u. oben rechts, 45 M1, 45 M2; ETH Zürich, Versuchsanstalt für Wasserbau, Hydrologie und Glaziologie VAW, Zürich: 42 M1 (Archiv); Fabian, Michael, Hannover: 24 M2; Falk, Dietmar, Berlin: 36 M1; fotolia.com, New York: Titel (animaflora), 3 rechts (asife), 9 M1 (dd), 9 M2 (reises), 10 M3 (Cornelia Pithart), 22 M1 links (Andreas Blakkolb), 26 Mitte rechts, 28 M3 (Dario Sabljak), 29 M2 (majo1122331), 29 M4 (Fotolyse), 30 M1 (StudioLaMagica), 43 (Uli-B), 47 M1 (tobago77); Güttler, Peter - Freier Redaktions-Dienst GmbH, Berlin: 19 M1 (Symbole: Burkhard Kracke); Hermes, Stephanie, Hardegsen-Hevensen: 32 M1, 33 M1; i.m.a - Information.Medien. Agrar e.V., Berlin: 29 M3; iStockphoto.com, Calgary: 12 M2 (Michael Fernahl), 43 M2 (wanderluster); Kracke, Burkhard, Hannover: 18 M1; Kreuzberger, Norma, Lohmar: 20 M1, 20 M2, 20 M3, 21 M1, 21 M2, 21 M3, 32 M2 , 41 M2; MairDumont GmbH & Co. KG, Ostfildern: 38 M1 (Berann-Vielkind), 39 M1 (Berann-Vielkind); Mayenfels, Jens, Kirn: 22 M2; Panther Media (panthermedia.net), München: 10 M2 (Stella Mielke), 14 M2 (Ade Zech); Pflügner, Matthias, Berlin: 28 1. 1. von oben: 4. Bild, 28 1. oben, 28 1. unten, 28 1. von oben: 2. Bild, 28 1. von oben: 3. Bild, 28 M1; Picture-Alliance, Frankfurt/M.: 46 M1 (Christine Koenig); pixelio media GmbH, München: 22 M1 rechts (Bredehorn_3), 39 M2 (st.ahler); Richter, Ulrike , Malsch: 28 M2, 33 M3; RWE AG, Konzernpresse/www.rweimages.com, Essen: 32 M3; RWE Power AG, Essen: 33 M2; Schönauer-Kornek, Sabine, Wolfenbüttel: 15 5. Mitte, 15 5. oben, 15 5. unten, 17 1. b), 44 M1; Shutterstock.com, New York: 12 M3 (Inavan Hateren); Süddeutsche Zeitung - Photo, München: 24 M1 (Scherl); Tekülve, Rita, Essen: 26 unten rechts; Thaler, Ulrich, Leipzig: 9 M3; Wenzel, Christine, Witten: 14 M3, 36 M3.

westermann GRUPPE

© 2017 Bildungshaus Schulbuchverlage
Westermann Schroedel Diesterweg Schöningh Winklers GmbH, Braunschweig
www.westermann.de

Das Werk und seine Teile sind urheberrechtlich geschützt. Jede Nutzung in anderen als den gesetzlich zugelassenen Fällen bedarf der vorherigen schriftlichen Einwilligung des Verlages.
Hinweis zu § 52a UrhG: Weder das Werk noch seine Teile dürfen ohne Einwilligung gescannt und in ein Netzwerk eingestellt werden. Dies gilt auch für Intranets von Schulen und sonstigen Bildungseinrichtungen.
Für Verweise (Links) auf Internet-Adressen gilt folgender Haftungshinweis: Trotz sorgfältiger inhaltlicher Kontrolle wird die Haftung für die Inhalte der externen Seiten ausgeschlossen. Für den Inhalt dieser externen Seiten sind ausschließlich deren Betreiber verantwortlich. Sollten Sie daher auf kostenpflichtige, illegale oder anstößige Inhalte treffen, so bedauern wir dies ausdrücklich und bitten Sie, uns umgehend per E-Mail davon in Kenntnis zu setzen, damit beim Nachdruck der Verweis gelöscht wird.

Druck A1 / Jahr 2017
Alle Drucke der Serie A sind im Unterricht unverändert.

Redaktion: Brigitte Mazzega
Umschlaggestaltung: Gingco.Net Werbeagentur GmbH & Co. KG, Braunschweig
Layout: Druckreif! Sandra Grünberg, Braunschweig
Druck und Bindung: westermann druck GmbH, Braunschweig

ISBN 978-3-14-**100475**-5